U0342521

高职高专实验实训"十二五"规划教材

电工基本技能及综合技能实训

主　编　徐　敏
副主编　叶　伟　罗　军
主　审　向守均

北　京

冶　金　工　业　出　版　社

2021

内 容 简 介

本书由电工基本技能训练和电工综合技能训练两部分组成。其中第一部分主要内容包括：安全教育及职业素养培养，常用电工工具及仪表的使用，家居照明安装中导线的连接，楼宇电气照明电路施工图绘制以及楼宇电气照明电路施工。第二部分主要内容包括：常用低压电器的检修及交流电机测试，三相异步电动机全压启动控制线路安装调试，三相异步电动机降压启动控制电路安装与调试，三相异步电动机制动控制电路安装与调试，三相异步电动机变速控制电路安装与调试，生产运输机循环延时控制线路设计、安装与调试，皮带运输机顺序、多地点控制电控线路设计、安装与调试，机床电路控制系统调试与维修。

本书为高职高专院校电气自动化技术、机电一体化技术、电子信息工程技术、生产过程自动化等专业实验用书，也可供相关专业的技术人员参考。

图书在版编目（CIP）数据

电工基本技能及综合技能实训/徐敏主编 . —北京：冶金工业出版社，2015.7（2021.1 重印）

高职高专实验实训"十二五"规划教材

ISBN 978-7-5024-7009-8

Ⅰ.①电… Ⅱ.①徐… Ⅲ.①电工技术—高等职业教育—教材 Ⅳ.①TM

中国版本图书馆 CIP 数据核字（2015）第 158018 号

出 版 人 苏长永
地 址 北京市东城区嵩祝院北巷 39 号 邮编 100009 电话 （010）64027926
网 址 www.cnmip.com.cn 电子信箱 yjcbs@cnmip.com.cn
责任编辑 俞跃春 杜婷婷 美术编辑 吕欣童 版式设计 葛新霞
责任校对 禹 蕊 责任印制 李玉山
ISBN 978-7-5024-7009-8
冶金工业出版社出版发行；各地新华书店经销；北京建宏印刷有限公司印刷
2015 年 7 月第 1 版，2021 年 1 月第 4 次印刷
787mm×1092mm 1/16；9.75 印张；231 千字；147 页
26.00 元
冶金工业出版社 投稿电话 （010）64027932 投稿信箱 tougao@cnmip.com.cn
冶金工业出版社营销中心 电话 （010）64044283 传真 （010）64027893
冶金工业出版社天猫旗舰店 yjgycbs.tmall.com
（本书如有印装质量问题，本社营销中心负责退换）

前　言

　　本书是高等职业技术院校电气类电工综合训练等课程的实训指导教材，由一批长期从事专业技能教学的经验丰富的教师编写而成。教材编写坚持科学性、实用性、综合性和新颖性的原则，力求实训内容贴近生产实际，突出应用能力的培养，教材内容具有较高的可操作性和实用价值。

　　本书在内容编排上，注重理论联系实际，理论知识的深度以必须、够用为原则，突出应用能力的培养，力争做到概念准确、内容精练、突出重点、工学结合，使理论知识与现代先进技术相结合，与时俱进，适应和满足现代社会对电工人才的需求。

　　本书分为电工基本技能训练和电工综合技能训练两部分，四川机电职业技术学院徐敏副教授担任主编，并负责全书的内容结构安排、工作协调及统稿工作，四川机电职业技术学院叶伟、罗军担任副主编，参加编写的还有四川机电职业技术学院的陈晓峰。具体编写：情境1、4、6、8由徐敏编写，情境2由罗军、叶伟编写，情境3、10、11由罗军编写，情境5由陈晓峰、叶伟编写，情境7、13由叶伟编写，情境9、12由陈晓峰编写。全书由四川机电职业技术学院向守均审稿。此外，攀钢热轨梁厂高级工程师刘自彩在本书的实际案例及内容选编上提出了许多宝贵意见和建议，在此表示衷心的感谢！

　　由于水平有限，书中疏漏及不妥之处，请广大读者批评指正。

编　者

2015 年 6 月

目 录

电工基本技能训练

电工基本技能训练

学习情境 1　安全教育及职业素养培养

【项目教学目标】

（1）了解安全教育的重要性。

（2）能掌握安全用电的基本知识。

（3）了解触电急救的基本步骤。

（4）了解职业素养培养涵盖的基本内容。

任务 1.1　安　全　教　育

【任务教学目标】

（1）了解电气安全的任务及触电事故的种类。

（2）了解防止触电的技术措施以及组织措施。

（3）能叙述触电急救的方法及步骤。

电能的生产和利用，在当代社会中占据十分重要地位。随着电力事业的发展和电气化程度的不断提高，人们的生活水平日益提高，电能利用已深入到生产、生活中的各个领域，电气作业人员也日益增多。

电气作业的不安全，会给工业生产和人民的生命财产带来很多的危害。而电工作业事故发生的根本原因，大多是因为安全教育不足，考核管理不严，电气作业人员缺乏较全面的电气安全技术知识，或者有章不循、思想麻痹、措施不当等造成的。

1.1.1　电工作业人员的基本要求

电工作业指发电、输电、变电、配电和用电装置安装、运行、检修、试验等电工工作。电工作业包括低压运行维修作业、高压运行维修作业、矿山电工作业等操作项目。

电工作业人员是指直接从事电工作业的专业人员。包括直接从事电工作业的技术工人、工程技术人员和生产管理人员。

电工作业人员必须满足以下基本条件：

（1）年满十八周岁；

（2）身体健康，不得有妨碍从事本职工作的病症和生理缺陷；

（3）具有不低于初中毕业的文化程度，以及必要的电工作业安全技术、电工基础理论和专业技术知识，并有一定的实践经验。

此外，从业人员还必须掌握必要的操作技能和触电急救方法。

1.1.2　安全生产方针

"安全第一、预防为主、综合治理"是我国安全生产的基本方针。这一方针反映了党和政府对安全生产规律的新认识，对于指导我们的安全生产工作有着十分重要的意义。

"安全第一"是要求我们在工作中始终把安全放在第一位。当安全与生产、安全与效益、安全与进度相冲突时，必须首先保证安全，即生产必须安全，不安全不能生产。

"预防为主"要求我们在工作中时刻注意预防安全事故的发生。在生产各环节，要严格遵守安全生产管理制度和安全技术操作规程，认真履行岗位安全职责，防患于未然，发现事故隐患要立即处理，自己不能处理的要及时上报，要积极主动地预防事故的发生。

"综合治理"就是综合运用经济、法律、行政等手段。人管、法治、技防多管齐下，并充分发挥社会、职工、舆论的监督作用，实现安全生产的齐抓共管。"综合治理"体现了安全生产方针的新发展。

1.1.3　触电与急救

1.1.3.1　触电事故

A　触电事故

触电事故是指人体触及电流所发生的事故。电对人体的伤害（触电事故）分为电击和电伤两种类型。电击指的是电流通过人体内部，对人体内脏及神经系统造成破坏直至死亡；电伤是指电流通过人体外部表皮造成的局部伤害。但在触电事故中，电击和电伤常会同时发生。

B　影响电流对人体的伤害程度的因素

电流危害的程度与通过人体的电流强度、频率、通过人体的途径及持续的时间等因素有关。

a　通过人体的电流大小

对于工频交流电，按照通过人体电流大小不同，把触电电流分为感知电流、反应电流、摆脱电流和致命电流。

（1）感知电流。指引起人体的感觉的最小电流。通常成年男性平均感知电流，直流1mA，工频交流0.4mA；成年女性的感知电流，直流0.6mA，工频交流0.3mA。

（2）反应电流。指引起意外的不自主反应的最小电流。这种预料不到的电流作用，可能造成高空坠落或其他事故，在数值上反应电流略大于感知电流。

（3）摆脱电流。指人体触电以后在不需要任何外来帮助下能自主摆脱的最大电流。工频交流电的平均摆脱电流，规定正常男性的最大摆脱电流为9mA，正常女性约为6mA，直流电的平均摆脱电流为50mA。

（4）致命电流。指在较短时间内危及生命的最小电流。一般情况下，通过人体的工频电流超过50mA时，心脏就会停止跳动，发生昏迷，并出现致命的电灼伤；工频100mA的电流通过人体时很快就会使人致命。

不同电流强度对人体的影响见表1-1。

表 1-1　电流对人体的影响

电流/mA	作用的特征	
	交流电（50~60Hz）	直流电
0.6~1.5	开始有感觉，手轻微颤抖	没有感觉
2~3	手指强烈颤抖	没有感觉
5~7	手部痉挛	感觉痒和热
8~10	手部剧痛，勉强可摆脱带电体，呼吸困难	热感觉增加
20~35	手迅速剧痛麻痹，不能摆脱带电体，呼吸困难	热感觉更大，手部轻微痉挛
50~80	呼吸困难麻痹，心室开始颤动	手部痉挛，呼吸困难
90~100	呼吸麻痹，心室经3s即发生麻痹而停止跳动	呼吸麻痹

b　通过人体电源的频率

在相同电流强度下，不同的电源频率对人体的影响程度不同。一般电源频率为28~300Hz的电流对人体影响较大，最为严重的是40~60Hz的电流。当电流频率大于20000Hz时，所产生的损害作用明显减小。

c　电流流过途径的危害

电流通过人体的头部会使人昏迷而死亡；电流通过脊髓会导致截瘫及严重损伤；电流通过中枢神经或有关部位，会引起中枢神经系统强烈失调而导致死亡；电流通过心脏会引起心室颤动，致使心脏停止跳动，造成死亡。实践证明，从左手到脚是最危险的电流途径，因为心脏直接处在电路中，从右手到脚的途径危险性较小，但一般也能引起剧烈痉挛而摔倒，导致电流通过人体的全身。

d　电流的持续时间对人体的危害

由于人体发热出汗和电流对人体组织的电解作用，随电流通过人体时间增长，人体电阻逐渐降低。在电源电压一定的情况下，会使电流增大，对人体的组织破坏更大，后果更严重。

C　人体电阻及安全电压

（1）人体电阻主要包括人体内部电阻和皮肤电阻，人体内部电阻时固定不变的，并与接触电压和外部条件无关，一般约为500Ω左右。皮肤电阻一般是手和脚的表面电阻。它随皮肤的清洁、干燥程度和接触电压等而变化。一般情况下，人体的电阻为1000~2000Ω，在不同的条件下的人体电阻见表1-2。

表 1-2　人体电阻

接触电压/V	人体皮肤电阻/Ω			
	皮肤干燥	皮肤潮湿	皮肤湿润	皮肤浸入水中
10	7000	3500	1200	600
25	5000	2500	1000	500
50	4000	2000	875	400
100	3000	1500	770	375
220	1500	1000	650	325

注：电流途径为双手至双足。

（2）安全电压。我国的安全电压，以前多采用 36V 或 12V，1983 年我国发布了安全电压国家标准 GB 3805—1983，对频率为 50～500Hz 的交流电，把安全电压的额定值分为 42V、36V、24V、12V 和 6V 五个等级。安全电压等级及选用见表 1-3。

表 1-3　安全电压等级及选用

安全电压（交流有效值）/V		选用举例
额定值	空载上限值	
42	50	在有触电危险的场所使用的手持式电动工具等
36	43	在潮湿场合，如矿井，多导电粉尘及类似场合使用的行灯
24	29	工作面积狭窄操作者较大面积接触带电体的场所，如锅炉内
12	15	人体需要长期接触及器具上带电的场所
6	8	

D　直接触电防护和间接触电防护

根据人体触电的情况将触电防护分为直接触电防护和间接触电防护两大类。

（1）直接触电防护。指对直接接触正常带电部分的防护，例如对带电导体加隔离栅栏或加保护罩等。

（2）间接触电防护。指对故障时可带危险电压而正常时不带电的外露可导电部分的防护，例如将正常不带电的设备金属外壳和框架等接地，并装设接地故障保护，用以切断电源或发出报警信号等。

E　普及安全用电常识

（1）不得私拉电线，装拆电线应请电工，以免发生短路和触电事故。

（2）不得超负荷用电，不得随意加大熔断器的熔体规格或更换熔体材质。

（3）绝缘电线上不得晾晒衣物，以防电线绝缘破损，漏电伤人。

（4）不得在架空线路和变配电所附近放风筝，以免造成短路或接地故障。

（5）不得用鸟枪或弹弓来打电线上的鸟，以免击毁线路绝缘子。

（6）不得擅自攀登电杆和变配电装置的构架。

（7）移动式和手持式电器的电源插座，一般应采用带保护接地（PE）插孔的三孔插座。

（8）所有可能触及的设备外露可导电部分必须接地，或接接地中性线（PEN 线）或保护线（PE线）。

（9）当带电的电线断落在地上时，人应该离开落地点 8～10m 以上。遇此类断线落地故障，应划定禁止通行区，派人看守，并通知电工或供电部门前来处理。

（10）如遇有人触电，应立即设法断开电源，按规定进行急救处理。

1.1.3.2　触电急救

发现有人触电切不可惊慌失措、束手无策。首先要动作迅速，救护得法。触电急救应遵循八个字，及"迅速、就地、准确、坚持"。

（1）使触电者迅速脱离电源。触电事故附近有电源开关或插座时，应立即断开开关或拔掉电源插头。若无法及时找到并断开电源开关，应迅速使用绝缘工具切断电线，并断开电源。

（2）当触电者脱离电源后，应就地抢救并根据情况对症准确救治，同时通知医生前来抢救。

1）将脱离电源的触电者迅速移至通风、干燥处，将其仰卧，并将上衣和裤带放松，观察触电者是否有呼吸，摸一摸颈部动脉的搏动情况。

2）观察触电者的瞳孔是否放大，当处于假死状态时，大脑细胞严重缺氧处于死亡边缘，瞳孔就自行放大，如图 1-1 所示。

(a)　　　　(b)

图 1-1　检查瞳孔

（a）瞳孔正常；（b）瞳孔放大

3）对有心跳而停止呼吸的触电者，应采用"口对口人工呼吸法"进行抢救，其步骤如下：

清除口腔阻塞：将触电者仰卧，解开衣领和裤带，然后将触电者头偏向一侧，张开其嘴，用手清除口腔中假牙或其他异物，使呼吸道畅通，如图 1-2（a）所示。

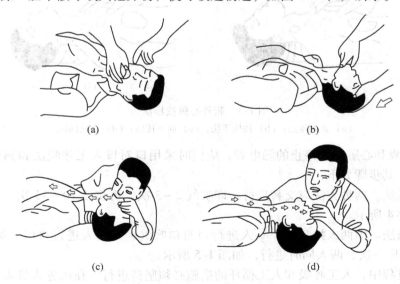

(a)　　　　(b)

(c)　　　　(d)

图 1-2　口对口人工呼吸

（a）清理口腔阻塞；（b）鼻孔朝天后仰；（c）贴嘴吹气胸扩张；（d）放开嘴鼻换气

鼻孔朝天头后仰：抢救者在触电病人一边，使其鼻孔朝天后仰，如图 1-2（b）所示。

贴嘴吹气胸扩张：抢救者在深呼吸 2 ~ 3 次后，张大嘴严密包绕触电者的嘴，同时放在前额的手的拇指、食指捏紧其双侧鼻孔，连续向肺吹气 2 次，如图 1-2（c）所示。

放开嘴鼻好换气：吹完气后应放松捏鼻子的手，让气体从触电者肺部排出，如此反复进行，以每 5s 吹气一次，坚持连续进行。不可间断，直到触电者苏醒为止，如图 1-2（d）所示。

4）对"有呼吸而心脏停搏"的触电者，应采用"胸外心脏按压法"进行抢救，如图 1-3 所示。其步骤如下：

将触电者仰卧在硬板或地面上，颈部枕垫软物使头部稍后仰，松开衣服和裤带，急救者跨跪在触电者的腰部。

急救者将后手掌根部按于触电者胸骨下二分之一处，中指指尖对准其颈部凹陷的下缘，当胸一手掌，左手掌复压在右手手背上，如图 1-3（a）、（b）所示。

掌根用力下压 3 ~ 4cm 后，突然放松，如图 1-3（c）和（d）所示，挤压与放松的动作要有节奏，每秒钟进行一次，必须坚持连续进行，不可中断，直到触电者苏醒为止。

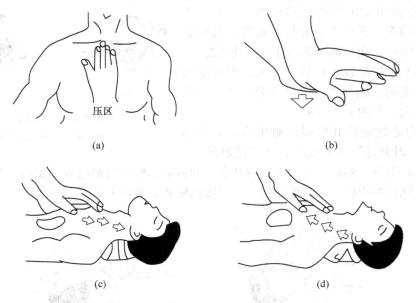

图 1-3　胸外心脏按压法

（a）正确压点；（b）按压手法；（c）向下按压；（d）放松回流

5）对呼吸和心脏都已停止的触电者，应同时采用口对口人工呼吸法和胸外心脏按压法进行抢救，其步骤如下：

单人抢救法。两种方法应交替进行，即吹气 2 ~ 3 次，再挤压 10 ~ 15 次，且速度都应快些，如图 1-4 所示。

双人抢救法。由两人抢救时，一人进行口对口吹气，另一人进行挤压。每 5s 吹气一次，每 1s 挤压 一次，两人同时进行，如图 1-5 所示。

在急救过程中，人工呼吸和人工循环的措施必须坚持进行。在医务人员未来接替救治前，不应放弃现场抢救，更不能只根据没有呼吸和脉搏就擅自判定伤员死亡，放弃抢救，只有医生有权做出伤员死亡的诊断。

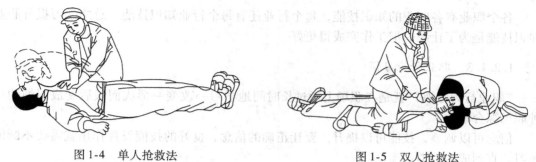

图 1-4　单人抢救法　　　　　　　　图 1-5　双人抢救法

任务 1.2　职业素养培养

【任务教学目标】

（1）了解职业素养涵盖的内容。

（2）了解职业素养的地位。

职业素养是人类在社会活动中需要遵守的行为规范。个体行为的总合构成了自身的职业素养，职业素养是内涵，个体行为是外在表象。职业素养是个很大的概念，专业是第一位的，但是除了专业，敬业和道德是必备的，体现到职场上的就是职业素养；体现在生活中的就是个人素质或者道德修养。

职业素养是指职业内在的规范和要求，是在职业过程中表现出来的综合品质，包含职业道德、职业技能、职业行为、职业作风和职业意识等方面。

1.2.1　职业素养的三大核心

1.2.1.1　职业信念

"职业信念"是职业素养的核心。良好的职业素养包涵了良好的职业道德，正面积极的职业心态和正确的职业价值观意识，是一个成功职业人必须具备的核心素养。良好的职业信念应该是由爱岗、敬业、忠诚、奉献、正面、乐观、用心、开放、合作及始终如一等这些关键词组成。

1.2.1.2　职业知识技能

"职业知识技能"是做好工作应该具备的专业知识和能力。俗话说"三百六十行，行行出状元"没有过硬的专业知识，没有精湛的职业技能，就无法把一件事情做好，就更不可能成为"状元"了。

所以要把一件事情做好就必须坚持不断地关注行业的发展动态及未来的趋势走向；就要有良好的沟通协调能力，懂得上传下达，左右协调从而做到事半功倍；就要有高效的执行力，研究发现：一个企业的成功 30% 靠战略，60% 靠企业各层的执行力，只有 10% 的其他因素。执行能力也是每个成功职场人必修炼的一种基本职业技能。还有很多需要修炼的基本技能，如职场礼仪、时间管理及情绪管控等，这里就不一一罗列。

各个职业有各职业的知识技能，每个行业还有每个行业知识技能。总之学习提升职业知识技能是为了让我们把工作完成得更好。

1.2.1.3　职业行为习惯

"职业行为习惯"就是在职场上通过长时间地学习→改变→形成而最后变成习惯的一种职场综合素质。

信念可以调整，技能可以提升。要让正确的信念、良好的技能发挥作用就需要不断的练习，直到成为习惯。

1.2.2　职业素养及其在工作中的地位

很多企业界人士认为，职业素养至少包含两个重要因素：敬业精神及合作的态度。敬业精神就是在工作中将自己作为公司的一部分，不管做什么工作一定要做到最好，发挥出实力，对于一些细小的错误一定要及时地更正，敬业不仅仅是吃苦耐劳，更重要的是"用心"去做好公司分配给的每一份工作。态度是职业素养的核心，好的态度比如负责的、积极的，自信的，建设性的，欣赏的，乐于助人等态度是决定成败的关键因素。敬业精神就是在工作中要将自己作为公司的一部分，所以，职业素养是一个人职业生涯成败的关键因素。职业素养量化而成"职商"。英文为 career quotient，简称 CQ。

很多企业之所以招不到满意人选是由于找不到具备良好职业素养的毕业生，可见，企业已经把职业素养作为对人进行评价的重要指标。如成都大翰咨询公司在招聘新人时，要综合考察毕业生的 5 个方面：专业素质、职业素养、协作能力、心理素质和身体素质。其中，身体素质是最基本的，好身体是工作的物质基础；职业素养、协作能力和心理素质是最重要和必需的；而专业素质则是锦上添花的。职业素养可以通过个体在工作中的行为来表现，而这些行为以个体的知识、技能、价值观、态度、意志等为基础。良好的职业素养是企业必需的，是个人事业成功的基础，是大学生进入企业的"金钥匙"。

1.2.3　大学生职业素养的自我培养

作为职业素养培养主体的大学生，在大学期间应该学会自我培养。

首先，要培养职业意识。很多高中毕业生在跨进大学校门之时就认为已经完成了学习任务，可以在大学里尽情地"享受"了，这正是他们在就业时感到压力的根源。中国社会调查所最近完成的一项在校大学生心理健康状况调查显示，75% 的大学生认为压力主要来源于社会就业。50% 的大学生对于自己毕业后的发展前途感到迷茫，没有目标；41.7% 的大学生表示目前没考虑太多；只有 8.3% 的人对自己的未来有明确的目标并且充满信心。培养职业意识就是要对自己的未来有规划。因此，大学期间，每个大学生应明确我是一个什么样的人，我将来想做什么，我能做什么，环境能支持我做什么。据此来确定自己的个性是否与理想的职业相符，对自己的优势和不足有一个比较客观的认识，结合环境如市场需要、社会资源等确定自己的发展方向和行业选择范围，明确职业发展目标。

其次，配合学校的培养任务，完成知识、技能等显性职业素养的培养。职业行为和职业技能等显性职业素养比较容易通过教育和培训获得。学校的教学及各专业的培养方案是针对社会需要和专业需要所制订的。旨在使学生获得系统化的基础知识及专业知识，加强学生对专业的认知和知识的运用，并使学生获得学习能力、培养学习习惯。因此，大学生应该积极配合学校的培养计划，认真完成学习任务，尽可能利用学校的教育资源，包括教师、图书馆等获得知识和技能，作为将来职业需要的储备。

再次，有意识地培养职业道德、职业态度、职业作风等方面的隐性素养。隐性职业素养是大学生职业素养的核心内容。核心职业素养体现在很多方面，如独立性、责任心、敬业精神、团队意识、职业操守等。事实表明，很多大学生在这些方面存在不足。有记者调查发现，缺乏独立性、会抢风头、不愿下基层吃苦等表现容易断送大学生的前程。因此，大学生应该有意识地在学校的学习和生活中主动培养独立性、学会分享、感恩、勇于承担责任，不要把错误和责任都归咎于他人。自己摔倒了不能怪路不好，要先检讨自己，承认自己的错误和不足。

大学生职业素养的自我培养应该加强自我修养，在思想、情操、意志、体魄等方面进行自我锻炼。同时，还要培养良好的心理素质，增强应对压力和挫折的能力，善于从逆境中寻找转机。

复习思考题

1-1 我国的安全生产方针是什么？
1-2 什么是触电事故？
1-3 电流对人体的伤害程度与哪些因素有关？
1-4 电气作业人员具备哪些基本条件？
1-5 如何理解大学生职业素养培养的重要性？

学习情境 2　常用电工工具及仪表的使用

【项目教学目标】

（1）掌握常用电工工具及仪表的使用方法。

（2）熟悉常用电工工具及仪表的基本结构，并能分析工作原理。

（3）能够按照安全注意事项，正确使用电工工具及仪表。

任务 2.1　电工工具的使用方法

【任务教学目标】

（1）熟悉电工工具使用方法的基本环节。

（2）掌握常用电工工具及仪表的基本结构。

（3）熟悉安全注意事项要求，正确使用电工工具。

2.1.1　准备知识

2.1.1.1　试电笔

试电笔又称电笔，是常用的电工工具，有钢笔式和螺丝刀式两种。测电笔由氖管、电阻、弹簧和探头等组成。低压电笔的结构如图 2-1 所示。

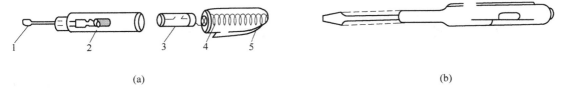

(a)　　　　　　　　　　　　　　　　　　　　　　(b)

图 2-1　低压电笔的结构

（a）钢笔式低压验电笔；（b）旋具式低压验电器

1—笔尖金属体；2—电阻；3—氖管；4—弹簧；5—笔尾金属体

使用时，必须手指触及笔尾的金属部分，并使氖管小窗背光且朝向自己，以便观测氖管的亮暗程度，防止因光线太强造成误判。使用电笔测试带点体时，电流经带电体、电笔、人体及大地形成通电回路，只要带电体与大地间的电位差超过 60V 时，电笔中的氖管就会发光，正确测试方法如图 2-2 所示。电笔检测的电压范围为 60～400V。

注意事项：

（1）使用前，必须在有电的能源处对电笔进行测试，以证明该电笔确实良好，才可使用。

（2）验电时，应使电笔逐渐靠近被测物体，直至氖管发亮，不可直接接触被测体。

（3）验电时，手指必须触及笔尾的金属体，否则带电体也会误判为非带电体。

（4）验电时，要防止手指触及笔尖的金属部分，以免造成触电事故。

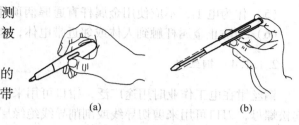

图 2-2　电笔的测试方法

（a）钢笔式电笔用法；（b）旋具式电笔用法

2.1.1.2　电工刀

电工刀是用来剖削电线线头，切割木台缺口，削制木槽的专用工具。其外形如图 2-3 所示。

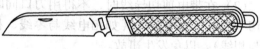

图 2-3　电工刀外形

在使用电工刀时，应注意以下几点：

（1）不得用于带电作业，以免触电。

（2）应将刀口朝外剖削，并注意避免伤及手指。

（3）剖削导线绝缘层时，应使刀面与导线成较小的锐角，以免割伤导线。

（4）使用完毕，随即将刀身折进刀柄。

2.1.1.3　螺丝刀

螺丝刀又名起子，按照功能和头部形状可以分为一字形和十字形。按握柄材料的不同，又可分为木柄和塑料柄两类。其外形如图 2-4 所示。

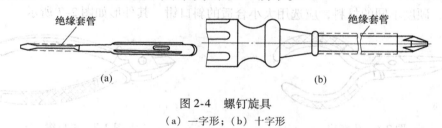

绝缘套管　　　　　　　　　　　　　　绝缘套管

（a）　　　　　　　　　　　　　　（b）

图 2-4　螺钉旋具

（a）一字形；（b）十字形

一字形螺钉旋具常用的规格有 40mm、100mm、140mm 和 200mm 等，十字形螺钉旋具常用的规格有 4 种，Ⅰ号适用于直径为 2～2.4mm 的螺钉，Ⅱ号适用于直径为 3～4mm 的螺钉，Ⅲ号适用于直径为 6～8mm 的螺钉，Ⅳ号适用于直径为 10～12mm 的螺钉。

使用螺丝刀时，应注意以下几点：

（1）螺丝刀较大时，除大拇指、食指和中指要夹住握柄外，手掌还要顶住柄的末端以防旋转时滑脱。

（2）螺丝刀较小时，用大拇指和中指夹住握柄，同时用食指顶住柄的末端用力旋动。

（3）螺丝刀较长时，用右手握紧手柄并转动，同时左手握住起子的中间部分（不可放在螺丝周围，以免将手划伤），以免起子滑脱。

（4）带电作业时，手不可触及螺丝刀的金属杆，以免发生触电事故。

（5）作为电工，不应使用金属杆直通握柄顶部的螺丝刀。

（6）为防止金属杆触到人体或邻近带电体，金属杆应套上绝缘管。

2.1.1.4　钢丝钳

钢丝钳在电工作业时用途广泛，钳口可用来弯绞或钳夹导线线头，齿口可用来紧固或起松螺母，刀口可用来剪切导线或剖削导线绝缘层，侧口可用来侧切导线线芯、钢丝等较硬线材。其外形如图 2-5 所示。

使用钢丝钳时应注意以下几点：

（1）使用前，应检查钢丝钳绝缘是否良好，以免带电作业时造成触电事故。

（2）在带电剪切导线时，不得用刀口同时剪切不通电位的两根线（如相电线与零线、相线与相线），以免发生事故。

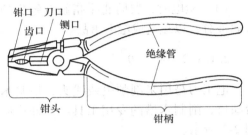

图 2-5　钢丝钳

2.1.1.5　尖嘴钳

尖嘴钳因其头部尖细，适用于在狭小的工作空间操作，其外形如图 2-6 所示。

尖嘴钳可用来剪断较细小的导线，拧较小的螺钉、螺帽、垫圈、导线等，也可用来对单股导线整形（如平直、弯曲）。若使用尖嘴钳带电作业，应检查其绝缘是否良好，并在作业时金属部分不要触及人体或邻近的带电体。

2.1.1.6　斜口钳

斜口钳又称断线钳，其头部偏斜，专用于剪断较粗的金属丝、线材及电线电缆等。对粗细不同、硬度不同的材料，应选用大小合适的斜口钳。其外形如图 2-7 所示。

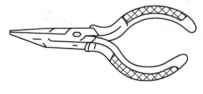

图 2-6　尖嘴钳

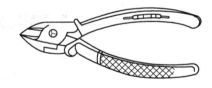

图 2-7　斜口钳

2.1.1.7　剥线钳

剥线钳外形如图 2-8 所示，使用剥线钳剥削导线绝缘层时，先将要剥削的绝缘长度用标尺定好，然后将导线放入相应的刀口中（比导线直径稍大），再用手将钳柄一握，导线的绝缘层即被剥离。

使用剥线钳时，不允许用小咬口剥大直径导线，以免咬伤导线芯；不允许当钢丝钳使用。

2.1.1.8　活络扳手

活络扳手的钳口可在规格所定范围内任意调整大小，用于旋转螺杆螺母。其外形如图

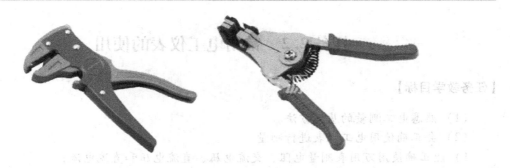

图 2-8　剥线钳

2-9 所示。

使用活络扳手时，不能反方向用力，否则容易扳裂活扳唇，也不准用钢管套在手柄上做加力杠使用，更不准用作撬棍撬重物或当手锤敲打。旋转螺杆、螺母时，必须把工件的两侧平面夹牢，以免损坏螺杆或螺母的棱角。

图 2-9　活络扳手

图中标注：呆板唇　蜗轮　活板唇　轴销　扳手柄

2.1.2　技能训练：羊眼圈练习

2.1.2.1　实训器材及场所

电工综合实训室、单股导线若干、电工工具一套、绝缘胶布、实训教材、课件、多媒体等。

2.1.2.2　实训内容及要求

（1）经过老师指导，学会电工工具的使用。

（2）熟悉羊眼圈练习导线连接时安全注意事项。

（3）练习用电工刀剖削废旧塑料硬线、塑料护套线、橡皮软线和铅包绝缘层。

（4）练习用钢丝钳剖削废旧塑料硬线和塑料软线绝缘层。

（5）用一根 BV1.5mm^2 塑料铜芯线进行大 ϕ1.5cm、ϕ2cm、ϕ3cm 羊眼圈练习。

（6）恢复绝缘层。

（7）经过检查，指导老师给予评定，提出改进意见，直到达到要求为止。

2.1.2.3　注意事项

（1）剖削导线绝缘层时不能损伤芯线。

（2）导线缠绕方法要正确。

（3）导线缠绕后要平直、整齐标准。

（4）应将刀口朝外剖削，并注意避免伤及手指。

（5）导线连接的绝缘恢复要达到要求。

任务 2.2　常用电工仪表的使用

【任务教学目标】

（1）熟悉电工测量的基本方法。

（2）会正确使用电工仪表进行测量。

1）能正确使用万用表测量电阻、交流电压、直流电压和直流电流；

2）能正确使用钳形电流表测量交流电流；

3）能正确使用兆欧表测量电气设备的绝缘电阻。

2.2.1　准备知识

2.2.1.1　测量的基本知识

通常把对各种电量和磁量的测量称为电工测量，而用于测量电量或磁量的仪器仪表称为电工仪表。

测量的过程就是把被测量（未知量）与已知的标准量进行比较，以求得被测量的值的过程。在进行具体测量之前，应先明确被测量的性质和测量所要达到的目的，然后选定测量方式和选择合适的测量方法，最后选用相应的仪器设备。在电工测量过程中，为了准确得到被测量的大小，选择合适的仪表是一个重要方面，而正确的测量方法是获得准确测量结果的重要基础。常用的测量方法可分为：

（1）直接测量。即用经过标准校准或标定的测量仪表直接对被测量进行测定，从而获得测量值的方法。如把电流表串联在电路中测量电流就属于直接测量法。这种方法的优点是设备简单、操作方便，缺点是准确度低。

（2）间接测量。有些情况下被测量不便于直接测定，或直接测量该电磁量的仪器不够精确，那么就可以利用被测量与某种中间量之间的函数关系，先测出中间量，然后通过计算公式算出被测量，这种测量方式称为间接测量。例如用伏安法测电阻，就是先测出电阻上的电压与电流的值，然后利用欧姆定律间接算出电阻值。间接法的测量误差比直接法大，但在某些场合又不得不采用间接法。

（3）比较测量法。把被测量和已知的标准量直接比较，或者将被测量产生的效应与同一类标准量产生的效应比较，从而求得被测量的值，这种方法称为比较测量。例如用电桥来测量电机绕组的阻值就是比较测量法。这种方法的优点是准确度和灵敏度高，缺点是设备复杂、价格昂贵、操作麻烦。

2.2.1.2　测量误差及其处理

不论采用什么测量方法，也不论采用何种测量方式，使用何种测量仪器，由于仪器本身制造工艺上的限制，测量方法的不够完善，感应器官不够灵敏，都会使测量的结果与被测量的实际数值存在差别，这种差别叫测量误差。

A　测量误差产生的原因

测量误差来自测量时选用的仪器设备、测量方式、方法和工作环境条件以及个人技术等，主要有系统误差、偶然误差、疏忽误差这几类。系统误差又称规则误差，在测量过程中，保持恒定或遵循一定的规律变化。系统误差主要有仪表误差、理论误差或方法误差、测量者个人因素带来的误差。偶然误差是由于某种偶然因素所造成的，其特点是在相同的测量条件下，有时偏大，有时偏小，无规律性。例如温度、外界磁场、电源频率的偶然变化，即使采用同一仪表去测量同一个量，也会得到不同的结果。所以偶然误差也叫随机误差，它的大小和符号没有一定的规律。疏忽误差是严重偏离了被测量的实际值，即测量结果出现了明显的错误。它的出现主要是操作者本人疏忽大意造成的，纯粹是一种错误。

　　B　减小或消除误差的措施

　　实验中的测量误差虽然是不可避免的，但可以采取某些措施来减小或消除它们。从仪表和仪器设备本身考虑，对仪表要经常进行校正，避免用大量程仪表测量小的被测量，仪表和仪器的安置方法要正确，要注意仪器设备的额定值等。从测量线路和测量方法上来考虑，选择合理的测量线路，采用正确的测量方法等。

2.2.1.3　电工测量仪表

　　A　仪表的准确度等级

　　仪表的最大绝对误差 Δ_{max} 与仪表量限 A_m 比值的百分数（有时称为最大引用误差）表示为仪表的准确度，设仪表的准确度等级为 K，则：

$$K\% = \frac{\Delta_{max}}{A_m} \times 100\% \tag{2-1}$$

　　根据国家标准《电气测量指示仪表通用技术条件》（GB 776—1976）规定，仪表的准确度等级有七个，即0.1、0.2、0.4、1.0、1.4、2.4 和4.0 级。仪表在正常条件下应用时，各等级仪表的基本误差不超过表2-1所规定的值。

表 2-1　仪表的准确等级和基本误差

正确度等级	0.1	0.2	0.4	1.0	1.4	2.4	4.0
基本误差/%	±0.1	±0.2	±0.4	±1.0	±1.4	±2.4	±4.0

　　从表2-1可知：0.1 级仪表准确度最高。

　　B　仪表的主要技术要求

　　为了保证测量结果的准确和可靠，要求电工测量仪表：有足够的准确度、有合适的灵敏度、要便于读数、要有良好的阻尼、有较高的过负载能力、有较好的绝缘强度、有较小的功率损耗等。

　　C　电工仪表的分类、标记

　　(1) 根据仪表的工作原理分为磁电系、电磁系、电动系、感应系、整流系等。

　　(2) 根据仪表测量对象的名称（或单位）分为电流表（安培表、毫安表、微安表）、电压表（伏特表、毫伏表）、功率表（瓦特表）、高阻表（兆欧表）、欧姆表、电度表（千瓦小时表）及万用表等。

　　(3) 根据仪表使用的方式分为开关板式和便携式。前者安装于开关板上或仪器的外壳上，准确度较低；后者便于携带，常在实验室使用，准确度较前者为高。

（4）根据被测电流的种类分为直流、交流和交直流两用。

（5）根据仪表取得读数的方法分为指针式、数字式和记录式仪表等。

（6）电工仪表的标记。电工仪表表盘上的各种标记，说明仪表的种类、准确度等级和使用方法等。

2.2.1.4　电工测量基本技术

A　电压表及电压的测量

测量电路中电压的仪表称电压表，它必须并联在被测电路的两端，如图 2-10 所示。

（1）直流电压的测量。如选用磁电系仪表，要注意接线端钮的极性，电压表的"＋"极接入被测电路的高电位端，以免指针反偏损坏仪表。如图 2-11（a）所示，把电压表并联在被测电路上，流过电压表的电流随被测电压大小而变化，便可获得读数。电压表的内阻直接影响到测量的准确度，内阻愈大，测量误差愈小，故电压表的内阻应尽量大些。

（2）交流电压的测量。可将适当量程的交流电压表直接并联在被测电压两端，如图 2-11（b）所示。在附加电阻外附的情况下，电压表和附加电阻先串联，再与被测电路并联。

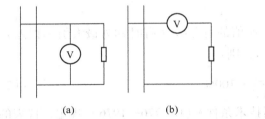

图 2-10　电压表接线
（a）正确接线；（b）错误接线

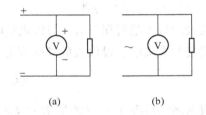

图 2-11　测量电压接线图
（a）直流电压测量；（b）交流电压测量

B　电流表及电流的测量

测量电路中电流的仪表称电流表，它必须串联在被测电路的两端。

在测量电流时，要根据电流的种类和大小来选择仪表，一般在测量直流时选用磁电系仪表，而在测量交流电时选用电磁系或电动系仪表。要根据电流大小选择适当量程的电流表，不能使电流大于电流表的最大量程，否则就会烧坏仪表。在被测电路不能估计其电流大小时，最好先选择量程足够大的电流表，粗测一下，然后根据测量结果，正确选用量程适当的仪表。

（1）直流电流的测量。测量直流电流时，要将电流表串联在被测电路中，要注意电流表的量程和极性。电流表直接接入电路法如图 2-12 所示。

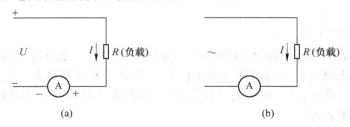

图 2-12　测量电流接线图
（a）直流电流测量；（b）交流电流测量

电流表直接接入电路时，仪表本身的内阻会造成功率损耗，选择电流表时，其内阻越小，测量的准确度越高。

（2）交流电流的测量。在测量交流电时，应选用电磁系仪表。当被测电流大于电流表量程时，可借助电流互感器来扩大仪表的量程，测量时电路电流通过电流互感器的一次绕组，电流表串联在二次绕组中，电流表的读数应乘以电流互感器的变比才是实际电流值。应注意配套的电流表其表盘标度如已按变比标出，可以直接读数。

C　电阻的测量

电阻的测量可以用万用表的电阻挡测量，对于绝缘电阻应用兆欧表测量。

2.2.1.5　万用表

万用表是一种常用的多功能、多量程的便携式测量仪表，它可以用来测量直流电压、直流电流、交流电压、电阻等。因此，万用表在电气设备的安装、维修及调试等工作中的应用十分广泛。万用表的型号繁多，图 2-13 所示为常用万用表的外形。万用表主要由表头、测量线路和转换开关组成。表头是万用表进行各种测量的公用部分。测量线路是万用表的关键部分，其作用是将各种不同的被测电量转换成磁电系表头能直接测量的直流电流，一般万用表包括多量程直流电流表、多量程直流电压表、多量程交流电压表、多量程欧姆表等几种测量线路。转换开关是为了配合万用表中测量不同电量和量程要求，对测量线路进行变换，用于选择万用表测量的对象及量程。

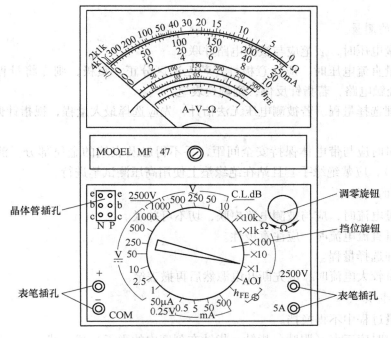

图 2-13　万用表外形

A　使用前的检查与调整

在使用万用表进行测量前，应进行下列检查、调整：

（1）外观应完好无被损，当轻轻摇晃时，指针应摆动自如。

（2）旋动转换开关，应切换灵活无卡阻，挡位应准确。

（3）水平放置万用表，转动表盘指针下面的机械调零螺钉，使指针对准标度尺左边的 0。

（4）测量电阻前应进行电调零（每换挡一次，都应重新进行电调零）。即：将转换开关置于欧姆挡的适当位置，两支表笔短接，旋动欧姆调零旋钮，使指针对准欧姆标度尺右边的 0 位线。如指针始终不能指向 0 位线，则应更换电池。

（5）检查表笔插接是否正确。黑表笔应接 " − " 极或 " * " 插孔，红表笔应接 " + "。

（6）检查测量机构是否有效，即应用欧姆挡，短时碰触两表笔，指针应偏转灵敏。

B　直流电流的测量

（1）首先应断开被测电路的电源及连接导线。若连在电路中测量，将损坏仪表。若在路测量，将影响测量结果。

（2）合理选择量程挡位，以指针居中或偏右为最佳。测量半导体器件时，不应选用 $R \times 1\Omega$ 挡和 $R \times 10k\Omega$ 挡。

（3）测量时表笔与被测电路应接触良好。双手不得同时触及表笔的金属部分，以防将人体电阻并入被测电路造成误差。

（4）正确读数并计算出实测值。切不可用欧姆挡直接测量微安表头、检流计、电池内阻。

C　电压的测量

（1）测量电压时，表笔应与被测电路并联。

（2）测量直流电压时，应注意极性。若无法区分正、负极，则先将量程选在较高挡位，用表笔轻触电路，若指针反偏，则调换表笔。

（3）合理选择量程。若被测电压无法估计，先应选择最大量程，视指针偏摆情况再作调整。

（4）测量时应与带电体保持安全间距，手不得触及表笔的金属部分。测量高电压时（400～2400V），应戴绝缘手套且站在绝缘垫上使用高压测试笔进行。

D　电流的测量

（1）测量电流时，应与被测电路串联，切不可并联。

（2）测量直流电流时，应注意极性。

（3）合理选择量程。

（4）测量较大电流时，应先断开电源然后再撤表笔。

E　注意事项

（1）测量过程中不得换挡。

（2）读数时应三点（眼睛、指针、指针在刻度中的影子）成一线。

（3）根据被测对象，正确读取标度尺上的数据。

（4）测量完毕应将转换开关置空挡或 OFF 挡或电压最高挡。若长时间不用，应取出内部电池。

（5）应在干燥、无振动、无强磁场、环境温度适宜的条件下使用和保存万用表。

2.2.1.6 兆欧表

兆欧表俗称摇表，它是用于测量各种电气设备绝缘电阻的仪表。电气设备绝缘性能的好坏，直接关系到设备的运行安全和操作人员的人身安全。为了对绝缘材料因发热、受潮、老化、腐蚀等原因所造成的损坏进行监测，或检查修复后电气设备的绝缘电阻是否达到规定的要求，都需要经常测量电气设备的绝缘电阻。测量绝缘电阻应在规定的耐压条件下进行，所以必须采用备有高压电源的兆欧表，而不用万用表测量。一般绝缘材料的电阻都在$10^6\Omega$以上，所以兆欧表标度尺的单位以兆欧（MΩ）表示。

兆欧表的接线和测量方法。兆欧表有三个接线柱，其中两个较大的接线柱上标有"接地 E"和"线路 L"，另一个较小的接线柱上标有"保护环"或"屏蔽 G"，如图 2-14 所示。

测量照明或电力线路对地的绝缘电阻按图 2-15（a）把线接好，顺时针摇摇把，转速由慢变快，约 1min 后，发电机转速稳定时（120r/min），表针也稳定下来，这时表针指示的数值就是所测得的电线与大地间的绝缘电阻。

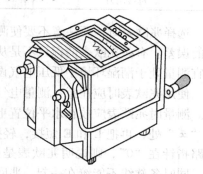

图 2-14 兆欧表

测量电动机的绝缘电阻将兆欧表的接地柱接机壳，L 接电动机的绕组，如图 2-15（b）所示，然后进行摇测。测量电缆的绝缘电阻测量电缆的线芯和外壳的绝缘电阻时，除将外壳接 E、线芯接 L 外，中间的绝缘层还需和 G 相连。如图 2-15（c）所示。

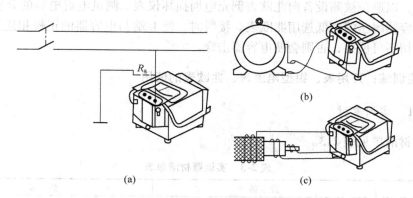

图 2-15 兆欧表接线图

兆欧表的选用。根据测量要求选择兆欧表的额定电压等级。测量额定电压在 400V 以下的设备或线路的绝缘电阻时，选用电压等级为 400V 或 1000V 的兆欧表；测量额定电压在 400V 以上的设备或线路的绝缘电阻时，应选用 1000～2400V 的兆欧表。通常在各种电器和电力设备的测试检修规程中，都规定有应使用何种额定电压等级的兆欧表。表 2-2 列出了在不同情况下选择兆欧表的要求，供使用时参考。

表 2-2 参数对照表

测 试 对 象	被测设备的额定电压/V	所选兆欧表的额定电压/V
线圈的绝缘电阻	<400	400
	>400	1000
发电机线圈的绝缘电阻	<380	1000
电力变压器、电动机线圈的绝缘电阻	>400	1000 ~ 2400
电气设备绝缘	<400	400 ~ 1000
	>400	2400
瓷瓶	—	2400 ~ 4000
母线闸刀		2400 ~ 4000

选择兆欧表时，要注意不要使测量范围超出被测绝缘电阻值过大，否则读数将产生较大的误差。有些兆欧表的标尺不是从 0 开始，而是从 $1M\Omega$ 或 $2M\Omega$ 开始的，这种兆欧表不适宜测量处于潮湿环境中低压电气设备的绝缘电阻。

使用兆欧表时应注意：测量电气设备绝缘电阻时，必须先断电，经短路放电后才能测量。测量时兆欧表应放在水平位置上，未接线前先转动兆欧表做开路试验，看指针是否指在"∞"处，再把 L 和 E 短接，轻摇发电机，看指针是否为"0"，若开路指针在"∞"，短路指针在"0"，则说明兆欧表是好的。兆欧表接线柱的引线应采用绝缘良好的多股软线，同时各软线不能绞在一起。兆欧表测完后应立即将被测物放电，在兆欧表摇把未停止转动和被测物未放电前，不可用手去触及被测物的测量部分或进行拆除导线，以防触电。测量时，摇动手柄的速度由慢逐渐加快，并保持 120r/min 左右的转速约 1min，这时读数较为准确。如果被测物短路，指针指零，应立即停止摇动手柄，以防发热烧坏表内线圈。在测量了电容器、较长的电缆等设备的绝缘电阻后，应先将"线路 L"的连接线断开，再停止摇动，以避免被测设备向兆欧表倒充电而损坏仪表。测量电解电容的介质绝缘电阻时，应按电容器耐压的高低选用兆欧表。接线时，使 L 端与电容器的正极相连接，E 端与负极连接，切不可反接，否则会使电容器击穿。

2.2.2 技能训练：万用表、钳型电流表、兆欧表的使用

2.2.2.1 实训器材

实训器材清单见表 2-3。

表 2-3 实训器材清单表

序 号	设 备	数 量
1	1.4kW 交流异步电动机	1 台
2	2.4mm² 导线	若干
3	单相调压器	1 台
4	电阻	若干
5	万用表	1 块
6	钳形电流表	1 块
7	400V 兆欧表	1 块
8	电工工具	1 套

2.2.2.2　实训内容及要求

A　实训要求

（1）观察万用表、兆欧表、钳形电流表的面板，明确各部分的名称与作用。

（2）选择万用表、钳形电流表的转换开关，明确转换开关各挡位的功能。

（3）调节万用表、钳形电流表的机械调零旋钮，将指针调准在零位。

（4）观察万用表、兆欧表、钳形电流表的表盘，明确各标度尺的意义和最大量程。

（5）学会指针在不同位置时的读数方法。

B　实训内容

（1）用万用表测量电阻。取3个不同的电阻，分别测量单个电阻的电阻值，并将测量数据记录在表2-4中。注意在测量时要根据阻值大小调整电阻挡量程，并且每次转换量程后都要重新欧姆调零。将电动机接线盒内的绕组各线头连接片拆开，分别测量 U1U2、V1V2、W1W2 这3对绕组的直流电阻值，并将测量数据记录在表2-4中。

表2-4　数据记录表

测量项目	电阻测量			电动机定子绕组电阻测量		
	R_1	R_2	R_3	R_{U1U2}	R_{V1V2}	R_{W1W2}
电阻标称值						
万用表量程						
测量值						

（2）用钳形电流表测量电流。将钳形电流表拨到合适的挡位，然后将电动机的一相电源线放入钳形电流表钳口中央，在电动机合上电源开关启动的同时观察钳形电流表的读数变化，将测量结果填入表2-4中。将电动机的电源开关合上，电动机空载运转，用万用表的交流电压挡检测电压是否达到电动机的额定工作电压。将钳形电流表拨到合适的挡位，将电动机电源线逐根放入钳形电流表钳口中，分别测量电动机的三相空载电流，将测量结果填入表2-5中。

表2-5　测量结果

电动机		钳形电流表		启动电流		空载电流	
型号	功率	型号	规格	量程	读数	量程	读数

（3）用兆欧表测量绝缘电阻。切断电动机电源，拆除电源线，将电动机接线盒内接线柱上的连接片拆除。用兆欧表测量电动机三相绕组相间绝缘电阻值和对地绝缘电阻值，将测量数据填入表2-6中，并判断绝缘电阻是否合格。

表2-6　测量数据

电动机	型　号		接　法	额定功率	额定电压/V	额定电流/A
绝缘电阻	U-V	U-W	V-W	U 相对地	V 相对地	W 相对地
绝缘是否合格						

C　注意事项

（1）用兆欧表测量低压电动机绝缘电阻，测得数值应在 0.4MΩ 及以上为合格，否则需干燥处理。

（2）电动机底座应固定好，合上电源开关应做安全检查，运行中若电动机声音不正常或有过大的颤动，应立即将电动机电源关闭。

（3）电动机短时间内多次连续启动会使电动机发热，因此应集中注意力观察启动瞬间的电流值，尽量一次试验成功，测量完毕立即将电源关断。

复习思考题

2-1　电源电压的实际值为 220V，今用准确度为 1.4 级、标称值为 240V 和准确度为 0.4 级、标称值为 400V 的两个伏特计去测量，试问哪个读数比较准确？

2-2　叙述兆欧表的工作原理。使用兆欧表应注意哪些问题？

2-3　测量误差有哪几类？怎样减小这些误差？

学习情境 3　家居照明安装中导线的连接

【项目教学目标】

（1）能根据用电设备的性质和容量选择导线。
（2）学会家居照明安装中导线的连接方法。
（3）能判断家居照明安装中导线的连接方法线路的故障。
（4）会结合家居照明安装中导线的连接方法，分析电气工作原理。

任务 3.1　家居照明安装中导线的连接方法知识准备

【任务教学目标】

（1）掌握用电设备导线的选择。
（2）熟悉家居照明安装中导线的连接方法。
（3）能分析家居照明安装中导线的连接电路图。
（4）懂得家居照明安装中导线的连接方法与技巧。

3.1.1　导线的选择

在实际生产过程中，经常要对所使用的导线，电缆的截面进行选择配线，下面介绍其导线选择的基本方法。

3.1.1.1　根据在线路中所接的电气设备容量计算线路中的电流

（1）单相电热，照明的电流计算：

$$I = \frac{P}{U} \quad \text{A} \tag{3-1}$$

式中，P 为线路中的总功率，W；U 为单相配线的额定电压，V。

（2）电动机电流。电动机时工厂企业的主要用电设备，大部分时三相交流异步电动机，每相中的电流值可按下式计算：

$$I = \frac{P \times 1000}{\sqrt{3} U \eta \cos\varphi} \quad \text{A} \tag{3-2}$$

式中，P 为电动机的额定功率，kW；U 为三相线电压，V；η 为电动机效率；$\cos\varphi$ 为电动机的功率因数。

3.1.1.2　根据计算出的线路电流按导线的安全载流量选择导线

导线的安全载流量时指在不超过导线的最高温度的条件下允许长期通过的最大电流。

不同截面，不同线芯的导线在不同使用条件下安全载流量在各有关手册上均可查到。现根据经验总结将手册上的数据划分成几段，得出了一套口诀，用来估算绝缘铝导线明敷设，环境温度为 25℃ 时的安全载流量及条件改变后的换算方法，口诀如下：

　　10 下五，100 上二；

　　25、35、四，三界；

　　70、90，两倍半；

　　穿管温度八，九折；

　　裸线加一半；

　　铜线升级算。

（1）10 下五，100 上二。10mm² 以下的铝导线以截面积数乘以 5 即为该导线的安全载流量，100mm² 以上的铝导线以截面积数乘以 2 即为该导线的安全载流量。

（2）25，35，四，三界。16mm²、25mm² 的铝导线以截面积数乘以 4 即为该导线的安全载流量，35mm²、50mm² 的铝导线以截面积数乘以 3 即为该导线的安全载流量。

（3）70、90，两倍半。70mm²、95mm² 的铝导线以截面积数乘以 2.5 即为该导线的安全载流量。

（4）穿管温度八、九折。当导线穿管敷设时，因散热条件变差，所以将导线的安全载流量打八折。

例如：6mm² 铝导线明敷设时的安全载流量为 30A，穿管敷设为 30 × 0.8 = 24A。

环境温度过高时将导线的安全载流量打九折。例如：6mm² 铝导线明敷设时的安全载流量为 30A，环境温度过高时导线德文安全载流量为 30 × 0.9 = 27A。假如导线穿管敷设，环境温度又过高，则将导线的安全载流量打八折，再打九折，即 0.8 × 0.9 = 0.72，可按乘 0.72 计算。

（5）裸线加一半。当为螺线时，同样条件下通过导线电流可增加，其安全载流量为同样截面积同种导线安全载流量的 1.5 倍。

（6）铜线升级算。铜导线的安全载流量可以相当于高一级截面积铝导线的安全载流量，即 1.5mm² 铜导线的安全载流量和 2.5mm² 铝导线的安全载流量相同，以此类推。

在实际工作中可按此方法，根据线路负荷电流的大小选择合适截面积的导线，也可查电工手册。

3.1.1.3　按允许的电压损失进行校验

当配电线路较长时，根据线路的负荷电流按导线安全载流量来选择适当截面的导线后，所允许的电压损失为 5%。

例： 已知有一单相线路 $U = 220V$，线路长 $L = 100m$，传输功率 $P = 22kW$，允许电压损失为 5%，应选多大截面积的铝导线？（$\rho = 0.0283\Omega/mm^2$）

解：（1）按安全载流量选。

1）求线路中的负荷电路 I：

$$I = \frac{P}{U} = \frac{22 \times 10^3}{220} = 100 \text{ A} \tag{3-3}$$

2）根据口诀选导线。35mm² 铝导线的安全载流量为：

$$35 \times 3 = 105\text{A}$$

因为 $105\text{A} > 100\text{A}$，所以可选 35mm^2 铝导线。

（2）根据允许的电压损失进行校验。

1）求导线长度 L：

$$L = 2L' = 2 \times 100 = 200\text{m}$$

2）求导线的电阻 R：

$$R = \rho \frac{L}{S} = 0.028 \times \frac{200}{35} \approx 0.1617\Omega \tag{3-4}$$

（3）计算 35mm^2 铝导线时的电机损失：

$$\Delta U'\% = \frac{IR}{U} = \frac{100 \times 0.1617}{200} = 7.35\% \tag{3-5}$$

导线上的电压降为 11V 时线的电阻，因为 $7.35\% > 5\%$，所以应再选截面积大一些的铝导线。

（4）根据允许电压损失选导线。

1）允许电压损失为 5% 时导线上的电压降：

$$U_R = U \times 5\% = 220 \times 5\% = 11\text{V}$$

$$R' = \frac{U_R}{I} = \frac{11}{100} = 0.11\Omega \tag{3-6}$$

2）铝导线的截面积：

$$S' = \rho \frac{L}{R'} = 0.0283 \times \frac{200}{0.1} = 51.5\text{mm}^2 \tag{3-7}$$

根据计算结果，选 75mm^2 铝导线。

实际工作中计算导线的电压损失时比较复杂的，需要时可参看有关的教材和图书。

3.1.1.4　熔断器的选择

A　熔体额定电流的选择

熔断器经过正确的选择才能起到应有的保护作用。对变电压、电炉及照明等负载的短路保护，熔体的额定电流应稍大于线负载的额定电流。

（1）对一台电动机负载的短路保护，熔体的额定电流 I_{RN} 应大于或等于 $1.5 \sim 2.5$ 倍电机额定电流 I_N，即

$$I_{RN} \geq (1.5 \sim 2.5)I_N$$

（2）对几台电动机同时保护，熔体的额定电流应大于或等于其中最大容量的一台电动机的额定电流 $I_{N\max}$ 的 $1.5 \sim 2.5$ 倍加上其余电动机的额定电流总和 $\sum I_N$，即

$$I_{RN} \geq (1.5 \sim 2.5)I_{N\max} + \sum I_N$$

在电动机功率较大而实际负载较小时，熔体额定电流可适当选小些，小到以启动时熔体不断为准。

B　熔壳的选择

（1）熔壳的额定电压必须大于或等于线路的工作电压。

（2）熔壳的额定电流必须大于或等于所装熔体的额定电流。

3.1.2　导线连接的基本要求

导线连接是电工作业的一项基本工序，也是一项十分重要的工序。导线连接的质量直接关系到整个线路能否安全可靠地长期运行。对导线连接的基本要求是：连接牢固可靠、接头电阻小、机械强度高、耐腐蚀耐氧化、电气绝缘性能良好。

需连接的导线种类和连接形式不同，其连接的方法也不同。常用的连接方法有绞合连接、紧压连接、焊接等。连接前应小心地剥除导线连接部位的绝缘层，注意不可损伤其芯线。

3.1.3　单股导线一字形和 T 字形连接方法

3.1.3.1　单股铜导线的"一"形连接

先将两导线的芯线线头作 X 形交叉，再将它们相互缠绕 2～3 圈后扳直两线头，然后将每个线头在另一芯线上紧贴密绕 5～6 圈后剪去多余线头即可。其连接方法如图 3-1 所示。

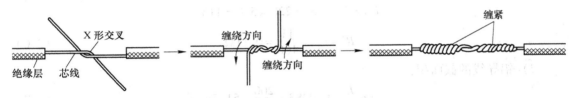

图 3-1　单股导线一字形连接

3.1.3.2　单股铜导线的 T 字形分支连接

单股铜导线的分支连接（图 3-2）。将支路芯线的线头紧密缠绕在干路芯线上 5～8 圈后剪去多余线头即可。对于较小截面的芯线，可先将支路芯线的线头在干路芯线上打一个环绕结，再紧密缠绕 5～8 圈后剪去多余线头即可。其连接方法如图 3-2 所示。

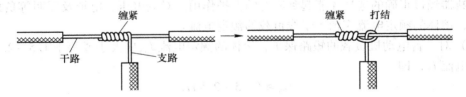

图 3-2　单股导线 T 字形连接

3.1.4　多股导线一字形和 T 字形连接方法

3.1.4.1　多股导线的一字形连接方法

多股导线的直接连接如图 3-3 所示。首先将剥去绝缘层的多股芯线拉直，将其靠近绝缘层的约 1/3 芯线绞合拧紧，而将其余 2/3 芯线成伞状散开，另一根需连接的导线芯线也如此处理（图 3-3（a））。接着将两伞状芯线相对着互相插入后捏平芯线（图 3-3（b）），然后将每一边的芯线线头分作 3 组，先将某一边的第 1 组线头翘起并紧密缠绕在芯线上（图 3-3（c）），再将第 2 组线头翘起并紧密缠绕在芯线上（图 3-3（d）），最后将第 3 组线头翘起并紧密缠绕在芯线上（图 3-3（e））。以同样方法缠绕另一边的线头。

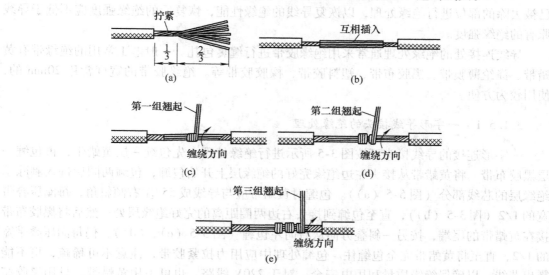

图 3-3 多股导线一字连接

3.1.4.2 多股铜导线的分支连接

将支路芯线靠近绝缘层的约 1/8 芯线绞合拧紧，其余 7/8 芯线分为两组，如图 3-4（a）所示，一组插入干路芯线当中，另一组放在干路芯线前面，并朝右边按图 3-4（b）所示方向缠绕 4~5 圈。再将插入干路芯线当中的那一组朝左边按图 3-4（c）所示方向缠绕 4~5 圈，连接好的导线如图 3-4（d）所示。

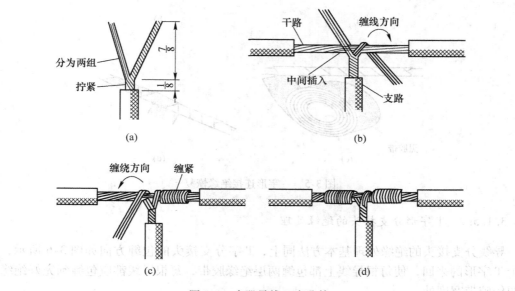

图 3-4 多股导线 T 字连接

3.1.5　导线连接处的绝缘处理

为了进行连接，导线连接处的绝缘层已被去除。导线连接完成后，必须对所有绝缘层已被去除的部位进行绝缘处理，以恢复导线的绝缘性能，恢复后的绝缘强度应不低于导线原有的绝缘强度。

导线连接处的绝缘处理通常采用绝缘胶带进行缠裹包扎。一般电工常用的绝缘带有黄蜡带、涤纶薄膜带、黑胶布带、塑料胶带、橡胶胶带等。绝缘胶带的宽度常用 20mm 的，使用较为方便。

3.1.5.1　一字形导线接头的绝缘处理

一字形连接的导线接头可按图 3-5 所示进行绝缘处理，先包缠一层黄蜡带，再包缠一层黑胶布带。将黄蜡带从接头左边绝缘完好的绝缘层上开始包缠，包缠两圈后进入剥除了绝缘层的芯线部分（图 5-5（a））。包缠时黄蜡带应与导线成 55°左右倾斜角，每圈压叠带宽的 1/2（图 3-5（b）），直至包缠到接头右边两圈距离的完好绝缘层处。然后将黑胶布带接在黄蜡带的尾端，按另一斜叠方向从右向左包缠（图 3-5（c）、（d）），仍每圈压叠带宽的 1/2，直至将黄蜡带完全包缠住。包缠处理中应用力拉紧胶带，注意不可稀疏，更不能露出芯线，以确保绝缘质量和用电安全。对于 220V 线路，也可不用黄蜡带，只用黑胶布带或塑料胶带包缠两层。在潮湿场所应使用聚氯乙烯绝缘胶带或涤纶绝缘胶带。

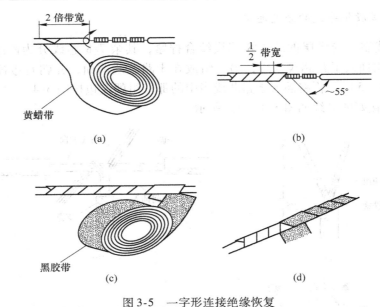

图 3-5　一字形连接绝缘恢复

3.1.5.2　T字形分支接头的绝缘处理

导线分支接头的绝缘处理基本方法同上，T 字分支接头的包缠方向如图 3-6 所示，走一个 T 字形的来回，使每根导线上都包缠两层绝缘胶带，每根导线都应包缠到完好绝缘层的两倍胶带宽度处。

通过对这次课程的实习，懂得导线连接是电工作业的一项基本工序，也是一项十分重要的工序。导线连接的质量直接关系到整个线路能否安全可靠地长期运行。掌握导线连接的基本要求，导线连接牢固可靠、接头电阻小、机械强度高、耐腐蚀耐氧化、电气绝缘性能好。

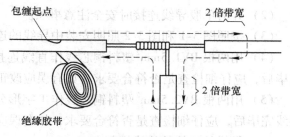

图3-6　T字形连接绝缘恢复

任务3.2　家居照明安装中导线的连接方法技能训练

【任务教学目标】

（1）懂得导线连接的安全注意事项。
（2）弄清导线连接的基本要求。
（3）学会线路安装连接的方法。
（4）掌握导线的连接后绝缘的恢复方法。
（5）会线路性质判别和容量计算。
（6）会根据线路容量选择导线、熔断器。

3.2.1　技能训练：导线的选择

3.2.1.1　实训器材及场所

电工综合实训室、实训教材、课件、多媒体等。

3.2.1.2　实训内容及要求

（1）熟悉电器元件。
（2）线路性质判别和容量计算。
（3）会线路容量计算。
（4）会根据线路容量选择导线、熔断器。
（5）总结，并写出实习报告。

3.2.2　技能训练：单股导线连接

3.2.2.1　实训器材及场所

电工综合实训室、单股导线、电工工具一套、绝缘胶布、实训教材、课件、多媒体等。

3.2.2.2　实训内容及要求

（1）经过老师指导，熟悉电工工具的使用。

（2）弄清单股导线连接时安全注意事项。

（3）按照图 3-1 和图 3-2 照明安装中导线的连接方法的基本环节，按要求正确接线。

（4）用两根 BV1.5mm² 塑料铜芯线作直线连接练习。每人练习接一字形 30 个。接线完毕后，应仔细检查是否符合要求，如有误应改正。

（5）用两根 BV2.5mm² 塑料铜芯线作 T 字形分支连接练习。每人练习接 T 字形 30 个。接线完毕后，应仔细检查是否符合要求，如有误应改正。

（6）导线的连接的绝缘恢复。

（7）经过检查，指导老师给予评定，提出改进意见，直到达到要求为止。

（8）总结，并写出实习报告。

3.2.2.3　注意事项

（1）应将刀口朝外剖削，并注意避免伤及手指。

（2）所有导线的接线处，应连接牢固，以免减小导线的使用寿命。

（3）接线时要保证导线接线正确。

（4）导线的连接的绝缘恢复要达到要求。

3.2.3　技能训练：多股导线连接

3.2.3.1　实训器材及场所

电工综合实训室、多股导线、电工工具一套、绝缘胶布、实训教材、课件、多媒体等。

3.2.3.2　实训内容及要求

（1）经过老师指导，掌握电工工具的使用。

（2）熟悉多股导线连接时安全注意事项。

（3）按照图 3-3 和图 3-4 居照明安装中导线的连接方法的基本环节，按要求正确接线。

（4）用两根 BLV4mm² 塑料铝芯线作直线连接练习。每人练习接一字形 20 个，接线完毕后，应仔细检查是否符合要求，如有误应改正。

（5）用两根 BLV4mm² 塑料铝芯线作 T 字形分支连接练习。每人练习接 T 字形 20 个，接线完毕后，应仔细检查是否符合要求，如有误应改正。

（6）多股导线的连接的绝缘恢复。

（7）经过检查，指导老师给予评定，提出改进意见，直到达到要求为止。

（8）完成实习报告。

3.2.3.3　注意事项

（1）应将刀口朝外剖削，并注意避免伤及手指或者其他同学。

（2）所有导线的接线处，应连接牢固，以免减小导线的使用寿命。

（3）接线时要保证导线接线正确。

（4）导线的连接的绝缘恢复要达到要求。

复习思考题

3-1　某用户需要安装一房间用电线路，该房间内需安装一台 1.5 匹（3500kW）的空调，一台 150W 的冰箱，4 只 40W 的照明灯具，至少能承受 2.5kW 独立的插座动力线路，试选择一下各段线路所需导线、熔断器的规格型号。

学习情境4　楼宇电气照明电路施工图绘制

【项目教学目标】

(1) 知道楼宇电气照明电路施工图的方法。

(2) 熟悉电气照明器件的基本符号。

(3) 掌握照明施工图的标注方法。

(4) 能根据房间平面进行照明施工图纸的设计。

任务4.1　楼宇电气照明电路施工图绘制知识准备

【任务教学目标】

(1) 熟悉电气线路符号。

(2) 熟悉灯具、风扇、开关及插座的符号。

(3) 知道照明电路施工图设计及绘制的方法。

电工用图又叫电路图，其种类较多。常用的有电气原理图、安装接线图、展开接线图、平面布置图、剖面图、局部大样图等。本情境主要讲述的是照明电路施工图，其有别于这些电路图，主要应用于建筑装修施工上，方便于建筑师或装修技术人员按图施工。

4.1.1　照明电路施工图设计原则及绘制步骤

施工平面图一般绘出：电源的进户位置，配电箱位置，线路走向、规格、敷设方式，各支路编号、导线根数，穿保护管材质，管径，各电器（例如灯具、插座、开关等）的规格、种类、安装位置及高度。

照明电路施工图应遵循实用、经济、合理、美观的原则，通常根据建筑单位或用户的意见及要求结合实际建筑构造进行设计。

照明电路施工图的绘制步骤：

(1) 绘出建筑平面图，可结合售楼小区楼盘平面图绘制。如图4-1所示。

(2) 画出配电箱或配电板。

(3) 以配电箱（板）为中心，根据电气原理图画出各支路（房间）电路。

(4) 标出线路、灯具、配电箱（板）标识符号。

4.1.2　照明电路施工图识图

各种装置或设备中的元部件都不按比例绘制它们的外形尺寸，而是用图形符号表示，同时用文字符号、安装代号来说明电气装置和线路的安装位置，相互关系和敷设方法。

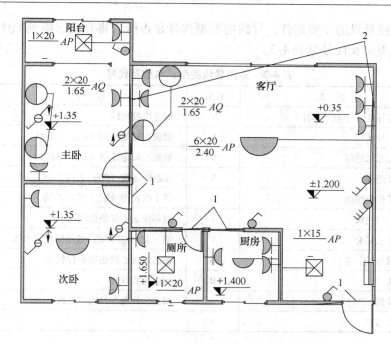

图 4-1　一居室照明电路施工图
1—此处接线沿墙过；2—此处重复接地
（房间内双极、三极开关安装高度均为 1.20m，双控开关安装高度为 1.35m。
插座安装高度：厨房为 1.65m，厕所为 1.65m，其余房间为 0.35m）

4.1.2.1　室内配电线路的表示方法

电气照明线路在平面图中采用线条和文字符号标注相结合的方法，表示出线路的走向、用途、编号、导线的型号、根数、规格及线路的敷设方式和敷设部位。线路配线方式及代号详见表 4-1。线路敷设部位见表 4-2。

表 4-1　线路配线方式及代号

名　称		代号（中文）	代号（英文）	名　称		代号（中文）	代号（英文）
线路敷设方式（明敷）		M		线路敷设方式（暗敷）		A	
用卡钉敷设		QD		钢管配线		DG	SC（G）
用塑料夹敷设		VJ	PCL	线管配线	硬塑料管	VG	PC
用瓷夹或瓷卡敷设		CJ	PL		软管	RG	
用槽板敷设	木槽板	CB		瓷瓶配线		CP	K
	金属槽板	GC	MR	钢索配线		S	M
	塑料线槽	VC	PR	电缆桥架配线		QJ	CT

表 4-2　线路敷设部位及代号

敷设部位	代　号	敷设部位	代　号
沿地面（板）	D	沿柱	Z
沿墙	Q	沿梁或跨屋架下弦	L
沿顶棚	P		

　　导线是线路敷设的主要部件，导线的类型选择是否恰当将直接影响到照明电路的运行性能，导线的类型及代号见表4-3。

表 4-3　常用导线类型、名称及代号

项目	类　型	代号	名　称	型号
线芯材料	铜芯导线（一般不标注）	T	铜芯橡胶软线	BXR
	铝芯导线	L	聚氯乙烯绝缘铜（铝）芯软线	BVR
绝缘种类	聚氯乙烯绝缘	V	聚氯乙烯绝缘铜（铝）芯线	BV（BLV）
	橡胶绝缘	X	橡胶绝缘铜（铝）芯线	BX（BLX）
	氯丁橡胶绝缘	XF	氯丁橡胶绝缘铜（铝）芯线	BXF（BLXF）
	聚乙烯绝缘	Y	铜芯聚氯乙烯绝缘软线	RV
内护套	聚氯乙烯套	V	铜（铝）芯聚氯乙烯绝缘和护套线	BVV（BLVV）
	绝缘导线、平行	B	铜芯聚氯乙烯绝缘平行软线	RVB
	软线	R	铜芯橡胶软线	RV
	双绞线	S	铜芯、橡胶棉纱编织软线	RX、RXS
	聚乙烯套	Y		

　　导线的标注格式见表4-3，下面以例题进行详细说明。

　　例： 试说明 N1-BV-2×2.5+PE2.5-DG20-QA 含义。

　　解： N1 表示导线的回路编号；BV 表示导线为聚氯乙烯绝缘铜芯线；2 表示导线的根数为2；2.5 表示导线的截面为 $2.5m^2$；PE2.5 表示 1 根接零保护线，截面为 $2.5mm^2$；DG20 表示穿管为直径为 20mm 的钢管；QA 表示线路沿墙敷设、暗埋。

　　而对于导线根数的表示方法，只要走向相同，无论导线根数多少，都可以用一根图线表示一束导线，同时在图线上打上短斜线表示根数；也可以画一根短斜线，在旁边标注数字表示根数，所标注的数字不小于3，对于2根导线，可用一跳图线表示，不必标注根数。具体表示方法见表4-4。

表 4-4　电气线路符号

名　称	图 形 符 号	名　称	图 形 符 号
配电线路的一般符号		导线根数单根	
交流线路	～	2 根 [ ]	//
直流线路	— — —	3 根	$\overset{3}{/}$
380V 交流线路	～380V	n 根	$\overset{n}{/}$

4.1.2.2　照明电器的表示方法与灯具、风扇、开关及插座的符号识别

　　照明电器有光源和灯具组成。灯具在平面图中采用图形符号表示，在图形符号旁标注文字，说明灯具的名称和功能。常用照明灯具的文字代号见表4-5。

　　电力及照明设备包括配电箱、灯具、开关、插座等。电力及照明设备在平面图中采用

图形符号表示，并在图形符号旁标注文字，说明设备的名称、规格、数量、安装方式离地高度等。其标注格式见表4-6。

表4-5 常用照明灯具代号

名　称	代　号	名　称	代　号
水晶底罩灯	J	普通吊灯	P
圆筒形罩灯	T	壁灯	B
碗形罩灯	W	花灯	H
乳白玻璃平盘罩灯	P	吸顶灯	D
搪瓷伞形罩灯（铁盆罩）	S	柱灯	Z
工厂灯	G	安装方式 线吊式	X
防水、防尘灯	F	链吊式 [ ] L	
卤钨探照灯	L		
投光灯	T	管吊式	G

表4-6 配电箱、灯具、风扇、开关、插座的符号

名　称	图形符号	名　称	图形符号
控制屏、控制台、控制箱		弯灯	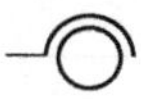
控制站	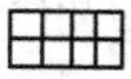	壁灯	
电力或照明的配电箱（屏）		墙上灯座	
移动用电设备的配电箱（屏）或插接箱		镶入或半镶入式灯盒	
端子箱（盒）		吊式风扇	
直流配电箱（屏）	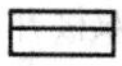	壁装台式风扇	
各种灯具的一般符号		单相插座（一般）	
阿尔法型灯		单相插座（保护或密闭）	 
珐琅质深照型灯		单相插座（防爆）	
带磨砂玻璃罩的万能型灯		单相插座带接地插孔（一般）	

名　称	图形符号	名　称	图形符号
无磨砂玻璃的万能型灯	⊘	单相插座带接地插孔（保护或密闭式）	
瓷质半密闭式灯	⊗	单相插座带接地插孔（防爆）	
防水防尘灯	⊙	风扇电阻开关	
乳白玻璃球形灯	●	三相插座带接地插孔（一般）	
天棚灯	◗	三相插座带接地插孔（保护或密闭）	
乳白玻璃球形塔灯	◉		
由荧光灯组成的花灯	⊗	三相插座带接地插孔（防爆）	
荧光灯列	├───┼───┤	花灯	⊗
荧光灯	├───┤		
单极开关（明装）		双极开关（明装）	
单极开关（暗装）		双极开关（暗装）	
单极开关（保护或密闭）		双极开关（保护或密闭）	
三极开关（明装）		拉线开关（一般）	
三极开关（暗装）		拉线开关（防水）	
三极开关（保护或密闭）		双控开关（一般）	
		双控开关（暗装）	

4.1.2.3　标注的文字及符号

标注是方便读图者识图、安装人员照图施工用的。详见表4-7、表4-8。

表4-7　标注的文字及符号

名　称	符　号	名　称	符　号
电力或照明配电设备一般标注方法	$a\dfrac{b}{c}$ 或 $a-b-c$	照明灯具一般标注方法	$a-b\dfrac{c\times d\times l}{e}f$
当需要标注引入线的规格时	$a\dfrac{b-c}{d(e\times f)-g}$	灯具吸顶安装	$a-b\dfrac{c\times d\times l}{-}$
开关箱及熔断器一般标注方法	$a\dfrac{b}{c}{}_{i}$ 或 $a-b-\dfrac{c}{i}$	安装或敷设标高，m 用于室内平面、剖面图上	$\underline{\underset{\nabla}{\pm0.000}}$
需要标注引入线的规格	$a\dfrac{b-\frac{c}{i}}{d(e\times f)-g}$	用于总平面图上的室外地面	$\underset{\blacktriangledown}{\pm0.000}$
照明变压器	$\dfrac{a}{b}-c$		

表4-8　工程平面图中标注的各种符号及意义

电力和照明设备	照明灯具	配电线路
① $a\dfrac{b}{c}$ 或 $a-b-c$	① $a-b\dfrac{c\times d\times l}{e}f$	$a-b(c\times d)e-f$
② $a\dfrac{b-c}{d(e\times f)-g}$	② $a-b\dfrac{c\times d\times l}{-}$	
①一般标注方法	①一般标注方法	a—回路编号
②当需要标注引入线规格时使用	②灯具吸顶安装	b—导线型号
a—设备编号	a—灯数	c—导线根数
b—设备型号	b—型号或编号	d—导线截面
c—设备功率	c—每盏照明灯具灯泡数	e—敷设方式及穿管管径
d—导线型号	d—灯泡瓦数，W	f—敷设部位
e—导线根数	e—灯泡安装高度，m	
f—导线截面	f—安装方式	
g—导线敷设方式及部位	g—光源种类	

4.1.3　照明电路施工图

一般来说，室内照明线路的看图顺序是：设计说明—系统图—平面图—接线图—原理图等。从设计说明了解工程概况，本图纸所用的图形符号，该工程所需要的设备、材料型号、规格和数量等；然后再看系统图、平面图、接线图和原理图，看图时，平面图和系统图要结合起来看，电气平面图找位置，电气系统图找联系；安装接线图与原理图结合，安装接线图找接线位置，电气原理图分析工作原理。电气照明施工图如图4-1所示。

任务 4.2　楼宇照明施工图绘制技能训练——家居照明施工图绘制

【任务教学目标】

（1）掌握照明电路施工图各类电器元件的图形符号及文字标注。

（2）会识别一般照明电路施工图。

（3）会设计及绘制照明施工图。

4.2.1　实训器材

空气开关、三孔面板插座、两孔面板插座、双联开关、接线盒、日光灯具（1 套）、白炽灯（1 套）、网孔实验板、接线端子、导线若干、万用表、校线灯、电工工具 1 套。

4.2.2　实训内容及要求

（1）画出建筑平面图。如图 4-2 所示。

（2）画出配电箱或配电板。

（3）以配电箱（板）为中心，根据电气原理图画出各支路（房间）电路。

（4）标出线路、灯具、开关、插座、配电箱（板）标识符号。

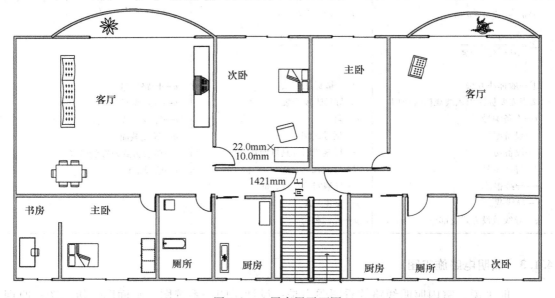

图 4-2　一层家居平面图

4.2.3　注意事项

（1）注意制图的基本要求。

（2）注意保持图纸的整洁。

（3）注意设计的合理性。

（4）注意图纸绘制过程的完整。

（5）绘制时要求线路横平竖直，整齐美观。

复习思考题

4-1　常用家居照明的图形符号有哪些？

4-2　在安装电器控制电路时，如何理解安全、规范、美观、经济等原则？

学习情境 5　楼宇电气照明电路施工

【项目教学目标】

（1）知道电气工程图的种类。
（2）掌握电气工程图的识读方法，并能分析工作原理。
（3）能判断、分析、处理常见电气故障。
（4）能根据要求进行电路设计。

任务 5.1　电气照明元件的使用

【任务教学目标】

（1）知道照明灯具的作用、原理。
（2）知道各种照明灯具的安装方法。
（3）掌握照明灯具的测试方法。
（4）会判断照明元件的故障和维修。

5.1.1　准备知识

现代化的生活离不开电气化的照明，而一个好的电气照明系统，不仅能给人们提供极大的方便，也让人们的生活显得更加绚丽多彩。

本任务作为维修电工必须掌握的基本技能，能让学生在学习过程中熟练掌握电工基本工具的使用方法，能熟练进行（照明）电气图识读、照明系统的设计、工程预算以及（照明）电气材料的选购等直至最终完成整个照明系统的安装及后续的维护工作。

5.1.1.1　灯具安装要求

照明装置的安装要求，可概括成八个字，即：正规、合理、牢固和整齐。

正规：是指各种灯具、开关、插座及所有附件必须按照有关规程和要求进行安装。

合理：是指选用的各种照明器具必须正确、适用、经济、可靠，安装的位置应符合实际需要，使用要方便。

牢固：是指各种照明器具安装得牢固可靠，使用安全。

整齐：是指同一使用环境和同一要求的照明器具要安装得平齐竖直，品种规格要整齐统一，形色协调。

5.1.1.2　白炽灯

白炽灯结构简单，使用可靠，价格低廉，电路便于安装和维修，应用较广。

A　灯泡

在灯泡颈状端头上有灯丝的两个引出线端，电源由此通入灯泡内的灯丝，灯丝出线端的构造，分为插口式（也称卡口）和螺口式两种。

灯丝的主要成分是钨，为防止受振而断裂，所以盘成弹簧圈状安装在灯泡内中间，灯泡内抽真空后充入少量惰性气体，以抑制钨的蒸发而延长其使用寿命。通电后，靠灯丝发热至白炽化而发光，故称为白炽灯。规格以功率标称，在 15～100W 之间分成许多档次。

B　灯座的安装

灯座上有两个接线端子，一个与电源的中性线（俗称零线）连接，另一个与来自开关的一根连接线（即通过开关的相线，俗称火线）连接。插口灯座上两个接线端子，可任意连接上述两个线头。但是螺口灯座上的接线端子，为了使用安全，切不可任意乱接，必须把中性线线头连接在连通螺纹圈的接线端子上，而把来自开关的连接线线头连接在连通中心铜簧片的接线端子上，如图 5-1 所示。吊灯灯座必须采用塑料软线（或花线）作为电源引线。两端连接前，均应先削去线头的绝缘层，接着将一端套入挂线盒罩，在近线端处打个结，另一端套入灯座罩盖后，也应在近线端处打个结，如图 5-2 所示，其目的是不使导线线芯承受吊灯的质量。然后分别在灯座和挂线盒上进行接线（如果采用花线，其中一根带花纹的导线应接在与开关连接的线上）最后装上两个罩盖和遮光灯罩。安装时，把多股的线芯拧绞成一体，接线端子上不应外露线芯。挂线盒应安装在木台上。

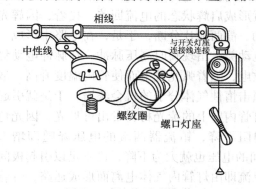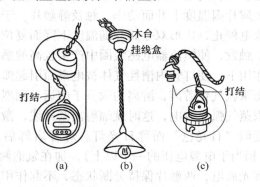

图 5-1　螺口灯座的安装　　　　　　图 5-2　避免线芯承受吊灯质量的方法

（a）接线盒安装；（b）装成的吊灯；（c）灯座安装

C　开关的选用与安装

开关的分类品种很多，按应用结构分单联和双联两种。

单联开关的安装：在开关内的两个接线端子，一个与电源线路中的一根相线连接，另一个接至灯座的一个接线端子。安装拉线式开关时，拉线口必须与拉向保持一致，否则容易磨断拉线。安装平开关时，应使操作柄向下时接通电路，向上时分断电路。与刀开关恰巧相反。

双联开关的安装：它是分在两处控制一盏电灯的电路，常用的接线方法如图 5-3 所示。

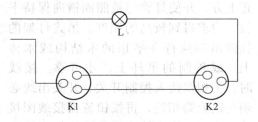

图 5-3　双联开关控制电路

5.1.1.3　日光灯

日光灯又叫荧光灯，是应用比较普遍的一种电光源。

A　日光灯的组成

日光灯由灯管、启辉器、镇流器、灯架和灯座等组成。灯管由玻璃管、灯丝和灯丝引出脚（俗称灯脚）等构成；启辉器由氖泡、小电容、出线脚和外壳等构成。氖泡内装有动触片和静触片。其规格分 4 ~ 8W 用的、15 ~ 20W 用的和 30 ~ 40W 用的以及通用型 4 ~ 40W 用的多种；镇流器主要由铁芯和电感线圈组成，其品种分开启式、半封闭式、封闭式三种，其规格需与灯管功率配用；灯架有木制的和铁制的两种，其规格配合灯管长度选用；灯座分弹簧式（也称插入式）和开启式两种，规格有小型的、大型的两种。小型的只有开启式，配用 6W、8W 和 12W（细管）灯管，大型的适用于 15W 以上各种灯管。

B　日光灯的工作原理

日光灯的电路图如图 5-4 所示，日光灯工作全过程分启辉和工作两种状态。灯管的灯丝（又叫阴极）通电后发热，称阴极预热。但日光灯管属长管放电发光类型，启辉前内阻较高，阴极预热发射的电子不能使灯管内形成回路，需要施加较高的脉冲电压。此时灯管内阻很大，镇流器因接近空载，其线圈两端的电压降极小，电源电压绝大部分加在启辉器上，在较高电压的作用下，氖泡内动、静两触片之间就产生辉光放电而逐渐发热，U 形双金属片因温度上升而动作，触及静触片，于是就形成启辉状态的电流回路。接着，因辉光放电停止，U 形双金属片随温度下降而复位，动、静两触片分断，于是，在电路中形成一个触发，使镇流器电感线圈中产生较高的感应电动势，出现瞬时高压脉冲；在脉冲电动势作用下，使灯管内惰性气体被电离而引起弧光放电，随着弧光放电而使管内温度升高，液态汞就气化游离，游离的汞分子因运动剧烈而撞击惰性气体分子的机会骤增，于是就引起汞蒸气弧光放电，这时就辐射出紫外线，激励灯管内壁上的荧光材料发出可见光，因光色近似"日光色"而称日光灯。灯管启辉后，内阻下降，镇流器两端的电压降随即增大（相当于电源电压的一半以上），加在氖泡两极间的电压也就大为下降，已不足以引起极间辉光放电，两触片保持分断状态，不起作用；电流即由灯管内气体电离而形成通路，灯管进入工作状态。日光灯附件要与灯管功率、电压和频率等相适应。

C　日光灯的安装

日光灯的安装方法，主要是按线路图连接电路。常用日光灯的线路图，除图 5-4 所示以外，尚有四个线头镇流器的接线图，如图 5-5 所示。

日光灯管是细长形管，光通量在中间部分最高。安装时，应将灯管中部置于被照面的正上方，并使灯管与被照面横向保持平行，力求得到较高的照度。吊式灯架的挂链吊钩应拧在平顶的木结构或木棒上，或预制的吊环上，才可靠。接线时，把相线接入控制开关，开关出线必须与镇流器相连，再按镇流器接线图接线。当四个线头镇流器的线头标记模糊

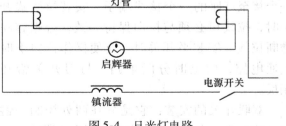

图 5-4　日光灯电路

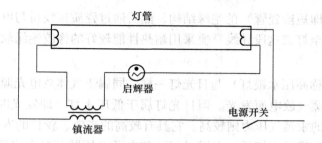

图 5-5　四头日光灯电路

不清楚时，可用万用表电阻挡测量，电阻小的两个线头是副线圈，标记为 3、4，与启辉器构成回路。电阻大的两个线头是主线圈，标记为 1、2，接法与两个线头镇流器相同。

在工矿企业中，往往把两盏或多盏日光灯装在一个大型灯架上，仍用一个开关控制，接线按并联电路接法，如图 5-6 所示。

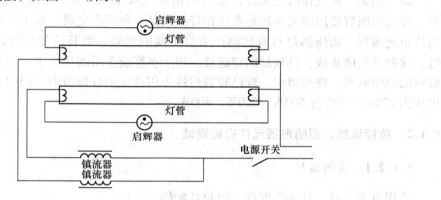

图 5-6　并联日光灯电路

D　新型日光灯灯管

近年来环形、U 形、H 型等日光灯管相继得到大力推广应用。与直管型荧光灯管相比较，它们具有体积小、照度集中、布光均匀、外形美观等优点。

5.1.1.4　常用新电光源介绍

作为照明用的新电光源，常见的有碘钨灯、高压汞灯、高压钠灯和金属卤化物灯。这些电灯均属强光灯，现已广泛地作为大面积场地的照明灯使用。

A　碘钨灯

碘钨灯是卤素灯的一种，属热发射电光源，是在白炽灯的基础上发展而来的，它既具备白炽灯光色好、辨色率高的优点，又克服了白炽灯光较低、寿命短的缺点。安装要求和方法：灯管应装在配套的灯架上，这种灯架是特定设计的，既具有灯光的反射功能，又是灯管的散热装置，有利于提高照度和延长灯管寿命；灯架离地垂直高度不宜低于 6m（指固定安装的）以免产生眩光。灯管在工作时必须处于水平状态，倾斜度不得超过 4°，否则，在自重的作用下，钨分子大量回归在灯丝的下端部分，这样就要使上端部分的灯丝迅速变细，从而使灯丝寿命直线下降；由于灯管温度较高，灯管两端管脚的连接导线应采用裸铜线穿套瓷珠（即短段瓷管）的绝缘结构，然后通过瓷质接线桥与电源引线连接，而电源引线（指挂线盒至灯架这段导线）宜采用耐热性能较好的橡胶绝缘软线。

B　高压汞灯

高压汞灯（又称高压水银灯）与日光灯一样，同属于气体放电光源，且在发光管内都充以汞，均依靠汞蒸气放电而发光。但日光灯属于低压汞灯，即发光时的汞蒸气压力低，而高压汞灯发光时的汞蒸气压力则较高。它具有较高的光效、较长的寿命和较好的防震性能等优点。但也存在辨色率较低、点燃时间长和电源电压跌落时会出现自熄等不足之处。它的外形做成白炽灯的形状，也必须与相应功率的镇流器配套使用，但不必使用启辉器。另外有一种自镇流高压水银灯，不用外接镇流器，像白炽灯一样可直接旋入灯座使用。高压水银灯的使用电压为 220V，功率有 30W、50W、125W、175W、250W、400W 等。

C　高压钠灯

高压钠是一种气体放电光源，是利用钠蒸气放电而发光，也分有高压的和低压的两种，作为照明灯使用的大多数是高压钠灯。钠是一种活泼金属，原子结构比汞简单，激发电位也比汞低。高压钠灯具有比高压汞灯更高的光效、更长的使用寿命。光色呈橘黄偏红，这种波长的光线，具较强的穿透性，用于多雾或多垢的环境中，作为一般照明，有着较好的照明效果。在城市中，现已较普遍地采用高压钠灯作为街道照明。高压钠灯的使用电压为 220V，功率有 500W、250W、400W 等。

5.1.2　技能训练：照明电器元件安装测试

5.1.2.1　实训器材

常用电工工具，日光灯配件、白炽灯配件。

5.1.2.2　实训内容及要求

（1）检查白炽灯电器元件的外观有无损坏，接线螺钉有无缺失。并进行电器元件的技术数据检验。其额定参数与使用条件是否相符。

（2）用万用表欧姆挡检测白炽灯头、开关、灯泡、吊线盒的连通性能是否良好。

（3）检查日光灯电器元件的外观有无损坏，接线螺钉有无缺失。并进行电器元件的技术数据检验。其额定参数与使用条件是否相符。

（4）用万用表欧姆挡检测日光灯灯座、整流器、启辉器、日光灯灯管、开关的连通性能是否良好。

（5）对故障元件进行处理或更换。

5.1.2.3　注意事项

（1）注意各电器元件安装的基本要求。

（2）注意各电器元件及导线连接紧固。

（3）注意元器件的轻拿轻放，以免损坏。

（4）注意检测日光灯组件的正确性。

任务 5.2　家居照明安装、检修

【任务教学目标】

（1）熟悉照明线路的敷设方式。

（2）熟悉室内配线的技术。

（3）掌握家居照明安装、检修方法。

（4）会识别一般照明电路施工图。

5.2.1　准备知识

照明方式可分为四种：一般照明，分区一般照明（当仅仅需要提高房间内某些固定工作区的照度，而采用的照明方式），局部照明和混合照明。

照明种类可分为六种：正常照明，应急照明（包括备用照明、疏散照明和安全照明），值班照明，警卫照明，景观照明和障碍标志灯。针对不同场所的照明方式的不同有着不同的敷设方式。

5.2.1.1　家居照明线路的敷设方式

家居照明线路的敷设方式，同电力线路一样，有明敷和暗敷两大类。明敷可分为瓷夹板、瓷瓶配线，钢索配线，塑料护套线配线等，而主要是采用塑料护套线配线；暗敷可分为用穿金属管配线，穿硬塑料管配线等。

在照明线路中，除遵守相应配线方式的注意事项外，还应注意以下一些事项：

（1）重要场所与负载为气体放电灯的照明线路，应考虑到照明负荷使用的不平衡性以及气体放电灯线路中存在着三次三的倍数次的谐波电流，所以中性线的截面积应与相线截面积的规格相同。

（2）对于高温灯具，应采用耐热导线配线，或采用其他隔热措施，并且线路不应敷在灯具的上部。

（3）为改善气体放电光源的频闪效应，可采取将同一或不同灯具的相邻灯管分别敷设在不同相别的线路上。

（4）住宅中，每一户内的一般照明与插座宜分开配线，并且在每户的分支回路中装设有过载保护、短路保护功能的保护装置，在插座回路中装设不漏电保护及过、欠电压保护功能的保护装置。

5.2.1.2　室内配线的技术要求

室内配线不仅要求安全可靠，而且要使线路布置合理、整齐，安装牢固。技术要求如下：

（1）使用导线，其额定电压应大于线路的工作电压；导线的绝缘应符合线路的安装方式和敷设的环境条件。导线的截面积应能满足供电和力学强度的要求。

（2）配线时应尽量避免导线有接头。除非用接头不可的，其接头必须采用压线或焊接。导线连接和分支处不应受机械力的作用。

（3）配线在建筑物内安装要保持水平或垂直。配线应加套管保护（塑料或铁水管，按室内配线的技术要求选配），天花板走线可用金属软管，但需固定稳妥美观。

（4）信号线不能与大功率电力线平行，更不能穿在同一管内。如因环境所限，要平行走线，则要远离50cm以上。

（5）报警控制箱的交流电源应单独走线，不能与信号线和低压直流电源线穿在同一管内，交流电源线的安装应符合电气安装标准。

（6）报警控制箱到天花的走线要求加套管埋入墙内或用铁水管加以保护，以提高防盗系统的防破坏性能。

5.2.1.3　室内配管的技术要求

（1）线管配线有明配和暗配两种，明配管要求横平竖直、整齐美观。暗配管要求管路短、畅通、弯头少。如图5-7所示。

（2）线管的选择，按设计图选择管材种类和规格，如无规定时，可按线管内所穿导线的总面积（连外皮），不超过管子内孔截面积的70%的限度进行选配。

（3）为便于管子穿线和维修，在管路长度超过下列数值时，中间应加装接线盒或拉线盒，其位置应便于穿线：

图5-7　室内配管

1）管子长度每超过40m、无弯曲时；

2）长度每超过25m、有一个弯时；

3）长度每超过15m、有两个弯时；

4）长度每超过10m、有三个弯时。

（4）线管的固定、线管在转弯处或直线距离每超过1.5m应加固定夹子。

（5）电线线管的弯曲半径应符合所穿入电缆弯曲半径的规定。凡有沙眼、裂纹和较大变形的管子禁止使用于配线工程。线管的连接应加套管连接或扣连接。

（6）竖直敷设的管子，按穿入导线截面的大小，在每隔10～20m处，增加一个固定穿线的接线盒，用绝缘线夹将导线固定在盒内，导线越粗，固定点之间的距离越短。

（7）在不进入盒（箱）内的垂直管口，穿入导线后，应将管口作密封处理。接线盒的安装如图5-8所示。

（8）接线盒或接线盒的固定应不少于三个螺钉。连线盒与管子的连接应加杯梳。接线盒或接线盒应加盖。线管的分支处应加分线盒。

5.2.1.4　照明灯具及开关、插座、配电箱等的安装

A　照明灯具的安装步骤

（1）做好灯具安装前的准备工作。

（2）将木台固定到设计图纸要求的灯位上。

（3）安装灯具的底座。

图 5-8　接线盒的安装

（4）对灯座进行接线。

（5）对灯具进行总装。

照明灯具在安装中应该注意到：灯具的安装必须牢固，当灯具质量超过 3kg 时，应将其固定在预埋的吊钩或螺栓上；固定灯具时，不可因灯具的自重，而使导线受到额外的张力；灯架及管内的导线不可有接头；导线在引入灯具处，不应受到压力与摩擦；必须接地和接零的金属外壳，应有专门的接地螺钉与接地线相连。

照明灯具安装的高度，一般的厂房、车间、住宅等应不小于 2.5m；在室外，应不小于 3m，装在路灯杆上的路灯，应不小于 4.5m；隧道照明灯，不宜低于 4m。

安装的部位，正常照明与备用照明，一般都有装在顶棚上或墙面上；疏散照明，安装在疏散出口的顶部或疏散走道及其转角处距地 1m 以下的墙面上，走道上的疏散指示灯，间距不宜大于 20m；航空障碍标志灯，应安装在建筑物或构筑物的最高部位，而在烟囱上的航空障碍标志灯，却应安装在低于烟囱口 1.5～3m 的部位，并成三角形水平排列。

B　照明开关和插座的安装

开关和插座的安装出分为明装和暗装两种方式。在安装板把开关时，开关板把向上是接通电路；板把向下，是切断电路。

在安装开关时，接线孔的位置必须严格按规定排列：单相二孔插座，垂直安装时，相线在上孔，零线在下孔；水平安装时，面对插座，相线在右孔，零线在左孔。单相三孔插座，面对插座，接地线在上孔，相线在右孔，零线在左孔。三相四眼插座，接地接零线在上孔。插座的接地线必须单独敷设，不允许在插座内与零线孔直接相连，不可与工作零线相互混用。

开关和插座的安装高度，按安装规范的规定：拉线开关，一般为 2～3m；其他各种开关，一般为 1.3m；距门框为 0.15～0.2m，开关相邻间距一般不小于 20mm。插座，一般为 1.3m，在托儿所、幼儿园、小学校和住宅不低于 1.8m，车间与试验的明、暗插座，一般不低于 0.3m，特殊场所可降为 0.15m。

明装开关、插座的底板和暗装开关、插座的面板，安装中允许的偏差为：并列安装时的高差不大于 0.5mm；同一场所的高差不大于 5mm；面板垂直度不大于 0.5mm。

C　照明配电箱的安装

照明配电箱也分为定型产品的成套配电箱与非标准的自制配电箱两类；按结构可分为：墙挂式（明装）与嵌入式（暗装）两种。

照明配电箱的安装高度，底边距地一般为 1.5m；配电板的安装高度，底边距地面不应小于 1.8m。

配电箱在安装中，垂直度的允许偏差为：箱的体高在 50cm 以下者，为 1.5mm；体高在 50cm 及其以上者，为 3mm。

5.2.1.5　家居照明线路检修

（1）白炽灯照明电路常见故障分析具体见表 5-1。

表 5-1　白炽灯照明故障分析

故障现象	产生故障的可能原因	处 理 方 法
灯泡发光强烈	灯丝局部短路（俗称搭丝）	更换灯泡
灯光忽亮忽暗或时亮时熄	（1）灯座或开关触点（或接线）松动，或因表面存在氧化层（铝质导线、触点易出现）； （2）电源电压波动（通常由附近有大容量负载经常启动）； （3）熔丝接触不良； （4）线连接不妥，连接处松散	（1）修复松动的触头或接线，去除氧化层后重新接线，或去除触点的氧化层； （2）更换配电变压器，增加容量； （3）重新安装，或加固压接螺钉； （4）重新连接导线
熔丝烧断	（1）灯座或吊线盒连接处两线头互碰； （2）负载过大； （3）熔丝太小； （4）线路短路； （5）胶木灯座两触点间胶木严重烧毁（炭化）	（1）重新接妥线头； （2）减轻负载或扩大线路的导线容量； （3）正确选配熔丝规格； （4）修复线路； （5）更换灯座
灯光暗红	（1）灯座、开关或导线对地严重漏电； （2）灯座、开关接触不良，或导线连接处接触电阻增加； （3）线路导线太长太细、电压降太大	（1）更换完好的灯座、开关或导线； （2）修复接触不良的触点，重新连接接头； （3）缩短线路长度，或更换较大截面的导线

（2）荧光灯照明电路常见故障分析具体见表 5-2。

表 5-2　荧光灯照明故障分析

故障现象	产 生 原 因	检 修 方 法
日光灯管不能发光	（1）灯座或启辉器底座接触不良； （2）灯管漏气或灯丝断； （3）镇流器线圈断路； （4）电源电压过低； （5）新装日光灯接线错误	（1）转动灯管，使灯管四极和灯座四夹座接触，使启辉器两极与底座二铜片接触，找出原因并修复； （2）用万用表检查或观察荧光粉是否变色，若确认灯管坏，可换新灯管； （3）修理或调换镇流器； （4）不必修理； （5）检查线路并正确接线

故障现象	产 生 原 因	检 修 方 法
日光灯灯光抖动或两头发光	（1）接线错误或灯座灯脚松动； （2）启辉器氖泡内动、静触片不能分开或电容器击穿； （3）镇流器配用规格不合适或接头松动； （4）灯管陈旧，灯丝上电子发射物质将放尽，放电作用降低； （5）电源电压过低或线路电压降过大； （6）气温过低	（1）检查线路或修理灯座； （2）将启辉器取下，用两把螺丝刀的金属头分别触及启辉器底座两块铜片，然后相碰，并立即分开，如灯管能跳亮，则判断启辉器已坏，应更换启辉器； （3）调换适当镇流器或加固接头； （4）调换灯管； （5）如有条件应升高电压或加粗导线； （6）用热毛巾对灯管加热
灯管两端发黑或生黑斑	（1）灯管陈旧，寿命将终的现象； （2）如为新灯管，可能因启辉器损坏使灯丝发射物质加速挥发； （3）灯管内水银凝结是灯管常见现象； （4）电源电压太高或镇流器配用不当	（1）调换灯管； （2）调换启辉器； （3）灯管工作后即能蒸发或将灯管旋转180°； （4）调整电源电压或调换适当的镇流器
灯光闪烁或光在管内滚动	（1）新灯管暂时现象； （2）灯管质量不好； （3）镇流器配用规格不符或接线松动； （4）启辉器损坏或接触不好	（1）开用几次或对调灯管两端； （2）换一根灯管试一试有无闪烁； （3）调换合适的镇流器或加固接线； （4）调换启辉器或使启辉器接触良好
灯管光度减低或色彩转差	（1）灯管陈旧的必然现象； （2）灯管上积垢太多； （3）电源电压太低或线路电压降太大； （4）气温过低或冷风直吹灯管	（1）调换灯管； （2）清除灯管积垢； （3）调整电压或加粗导线； （4）加防护罩或避开冷风
灯管寿命短或发光后立即熄灭	（1）镇流器配用规格不合适或质量较差，或镇流器内部线圈短路，致使灯管电压过高； （2）受到剧震，使灯丝震断； （3）新装灯管因接线错误将灯管烧坏	（1）调换或修理镇流器； （2）调换安装位置或更换灯管； （3）检修线路
镇流器有杂音或电磁声	（1）镇流器质量较差或其铁芯的硅钢片未夹紧； （2）镇流器过载或其内部短路； （3）镇流器受热过度； （4）电源电压过高引起镇流器发出声音； （5）启辉器不好，引起开启时辉光杂音； （6）镇流器有微弱声音，但影响不大	（1）调换镇流器； （2）调换镇流器； （3）检查受热原因并消除； （4）如有条件设法降压； （5）调换启辉器； （6）是正常现象，可用橡皮垫衬，以减少震动
镇流器过热或冒烟	（1）电源电压过高或容量过低； （2）镇流器内部线圈短路； （3）灯管闪烁时间长或使用时间太长	（1）有条件可调低电压或换用容量较大的镇流器； （2）调换镇流器； （3）检查闪烁原因或减少连续使用的时间

5.2.2　技能训练：家居照明电路安装

5.2.2.1　实训器材

空气开关、三孔面板插座、两孔面板插座、双联开关、接线盒、日光灯具（1 套）、白炽灯（1 套）、网孔实验板、接线端子、导线若干、万用表、校线灯、电工工具（1套）。

5.2.2.2　实训内容及要求

（1）根据原理图在网孔实验板上（图 5-9）安装各电器元件。
（2）根据电气原理图连接各支路（房间）电路。
（3）检测连接好的各个电气支路。
（4）通电测试。

5.2.2.3　注意事项

（1）注意各电器元件安装的基本要求。
（2）注意各电器元件及导线连接紧固。
（3）注意盘面布置的合理性。
（4）布线要求线路横平竖直，整齐美观。

图 5-9　网孔实验板

任务 5.3　电路测试、验收

【任务教学目标】

（1）熟悉照明线路的测试方法。
（2）熟悉照明线路的验收方法。

5.3.1　电路测试

照明线路测试的方法有目测及摇测两种，目测即用眼睛观察照明电路的进线方式、进户线截面积和总负荷。摇测即用仪表测试各回路有无电气上的连接、线间绝缘等情况。

按电路图或接线图从电源端开始，如图 5-10 所示，逐段核对接线有无漏接、错接之处，检查导线接点是否符合要求、压接是否牢固，以免带负载运行时产生闪弧现象。

（1）用万用表电阻挡检查电路接线情况：检查时，断开总开关，选用倍率适当的电阻挡，并欧姆

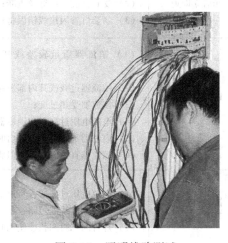

图 5-10　照明线路测试

调零。

1）导线连接检查：将表笔分别搭在同一根导线两端上，读数应为"0"。

2）电源电路检查：将表笔分别搭在两线端上，读数应为"∞"。接通负载开关时，万用表读数应有读数；断开负载开关时，万用表读数应为"∞"。

（2）用兆欧表检查：两导线间的绝缘电阻（需断开负载开关），即 U-V、U-W 和 V-W。导线对地间的绝缘电阻。即 U-地、V-地和 W-地。

（3）用测电笔检查：接通电路用测电笔检查相线（火线）是否有电。

（4）用交流电压表检查：可用万用表交流电压挡检查电源电压是否为 220V 或 380V。

5.3.2　验收

A　工程交接验收时应检查的项目

（1）各种规定的距离。

（2）各种支持件的固定。

（3）配管的弯曲半径，盒（箱）设置的位置。

（4）明配线路的允许偏差值。

（5）导线的连接和绝缘电阻。

（6）非带电金属部分的接地或接零。

（7）黑色金属附件防腐情况。

（8）施工中造成的孔、洞、沟、槽的修补情况。

（9）母线配制及安装架设应符合设计规定，且连接正确，螺栓紧固，接触可靠，相间及对地电气距离符合要求。

（10）母线油漆应完好，相色正确。母线接地良好。

B　工程交接验收时应提交的技术资料和文件

（1）竣工图。

（2）变更设计的证明文件。

（3）安装技术记录（包括隐蔽工程记录）。

（4）各种试验记录。

（5）主要器材、设备的合格证。

复习思考题

5-1　螺口白炽灯在安装时应注意哪些事项？

5-2　简述日光灯的工作原理。

5-3　简述双联开关的工作原理。

5-4　常用家居照明的各个电气支路的连接方式有哪些？

5-5　在安装电路时，如何理解安全、规范、美观、经济等原则？

电工综合技能训练

学习情境6　常用低压电器的检修及交流电机测试

【项目教学目标】

(1) 知道常用低压电器的结构、工作原理及图形文字符号。
(2) 掌握低压电器的检修方法。
(3) 知道交流电动机的结构以及工作原理。
(4) 掌握交流电动机的测试方法。

任务6.1　组合开关、按钮、行程开关的拆装、修理与检测知识准备

【任务教学目标】

(1) 知道常用低压电器的种类及作用。
(2) 知道常用低压电器的结构、工作原理及图形文字符号。
(3) 掌握低压电器的检修方法。
(4) 认识元器件并会绘制低压电器的符号。

6.1.1　任务描述与分析

6.1.1.1　任务描述

刀开关、组合开关被广泛应用于各种配电设备和供电线路，一般用来作为电源的引入开关或隔离开关，也可用于小容量的三相异步电动机不频繁地启动或停止。

6.1.1.2　任务分析

本任务介绍了刀开关、组合开关的基本结构、原理及类型，掌握刀开关、组合开关的

选用、接线及故障判断、维修。

6.1.2　相关知识

低压电器一般是指在交流50Hz、额定电压1200V、直流额定电压1500V及以下在电路中起通断、保护、控制或调节作用的各种电器。

6.1.2.1　刀开关

刀开关被广泛应用于各种配电设备和供电线路，一般用来作为电源的引入开关或隔离开关，也可用于小容量的三相异步电动机不频繁地启动或停止。

刀开关由手柄、触刀、静插座和底板组成。

刀开关按极数分为单极、双极和三极；按操作方式分为直接手柄操作式、杠杆操作机构式和电动操作机构式；按刀开关转换方向分为单投和双投等。

刀开关的型号含义与图形符号如图6-1所示。

在电力拖动控制线路中最常用的是由刀开关和熔断器组合而成的负荷开关，负荷开关又分为开启式负荷开关和封闭式负荷开关两种。

A　开启式负荷开关

开启式负荷开关又称为瓷底胶盖刀开关，简称闸刀开关，适用于照明、电热设备及小容量电动机控制线路中，供手动不频繁地接通和分断电路，并起短路保护作用。常用的有HK1和HK2系列，其外观及结构如图6-2所示。

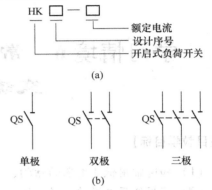

图 6-1　刀开关
（a）型号含义；（b）图形及文字符号

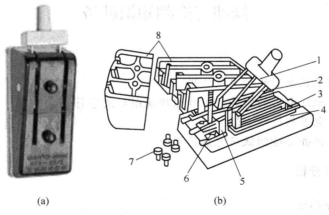

图 6-2　HK 系列刀开关外形及结构图
（a）外形；（b）结构

1—瓷柄；2—动触点；3—出线座；4—瓷底座；5—静触点；6—进线座；
7—胶盖紧固螺钉；8—胶盖

HK2系列刀开关的技术数据见表6-1。

表 6-1　HK2 系列刀开关技术数据

型号规格	额定电压/V	额定电流/A	极　数	型号规格	额定电压/V	额定电流/A	极　数
HK2-100/3	380	100	3	HK2-60/2	220	60	2
HK2-60/3	380	60	3	HK2-30/2	220	30	2
HK2-30/3	380	30	3	HK2-15/2	220	15	2
HK2-15/3	380	15	3	HK2-10/2	220	10	2

选用时应注意以下几点：

（1）用于照明和电热负载时，选用额定电压 220V 或 250V，额定电流不小于电路所有负载额定电流之和的两极开关；

（2）用于控制电动机的直接启动和停止时，选用额定电压 380V 或 500V，额定电流不小于电动机额定电流 3 倍的三极开关。

在安装使用方面则应注意：

（1）开启式负荷开关必须垂直安装在控制屏或开关板上，且合闸状态时手柄应朝上，不允许倒装或平装，以防发生误合闸事故；

（2）开启式负荷开关控制照明和电热负载使用时，要装接熔断器作短路和过载保护；

（3）更换熔体时，必须在闸刀断开的情况下按原规格更换；

（4）在分闸和合闸操作时，应动作迅速，使电弧尽快熄灭。

B　封闭式负荷开关

封闭式负荷开关即铁壳开关，适用于额定工作电压为 380V、额定工作电流至 400A、频率 50Hz 的交流电路中，作为手动不频繁地接通、分断有负载的电路，并有过载和短路保护作用。常用型号为 HH3、HH4 系列，其图形符号如图 6-3 所示。

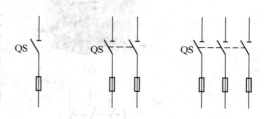

图 6-3　封闭式负荷开关文字符号及图形符号

6.1.2.2　组合开关

低压开关又称低压隔离器，是低压电器中结构比较简单、应用广泛的一类手动电器。主要有刀开关、组合开关、用刀与熔断器组合成的胶盖瓷底刀开关，还有转换开关等。

组合开关又称转换开关，也是一种刀开关。只不过它的刀片是转动式的，比刀开关轻巧且组合性强，能组成各种不同的线路。

A　组合开关的作用

组合开关体积小，触头对数多，灭弧性能比刀开关好，接线方式灵活，操作方便，常用于交流 50Hz、380V 以下及直流 220V 以下的电气线路中，非频繁的接通和分断电路、转换电源和负载以及控制 5kW 以下小容量感应电动机的启动、停止和正反转。

B　组合开关的分类及型号意义

组合开关的种类有单极、双极和三极等几种。常用的组合开关有 HZ10 系列，其型号含义如图 6-4 所示。

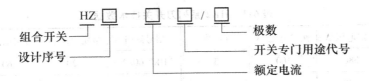

图 6-4　组合开关型号含义

C　组合开关的结构

HZ10 系列组合开关的三对静触头分别装在三层绝缘垫板上，并附有接线柱，用于与电源及用电设备相连。动触头是由磷铜片或硬紫铜片和具有良好灭弧性能的绝缘钢纸板铆合而成，并和绝缘垫板一起套在附有手柄的方形绝缘轴上。手柄和转轴能沿顺时针或逆时针方向转动 90°，从而带动三对动触头分别与静触头接触或分离，实现接通或分断电器的目的。开关的顶盖由滑板、凸轮、扭簧和手柄等构成操作机构，由于采用了扭簧储能，可使触头快速闭合或分断，从而提高了开关的分断能力。其外形、结构、符号如图 6-5 所示。

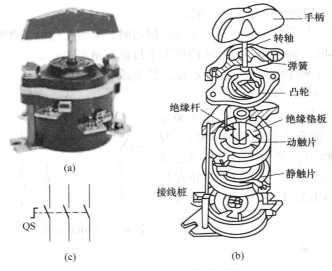

图 6-5　HZ10 系列组合开关
(a) 外形；(b) 结构；(c) 符号

D　组合开关的选用

组合开关应根据电源种类、电压等级、所需触头数、接线方式和负载容量进行选用。

(1) 用于照明或电热电路时，组合开关的额定电流应等于或大于电路中各负载电流的总和。

(2) 用于直接控制异步电动机的启动和正反转时，开关的额定电流一般取电动机的额定电流的 1.5～2.5 倍。

E　组合开关的安装与使用

(1) HZ10 系列组合开关应安装在控制箱（或壳体）内，其操作手柄最好在控制箱的前面或侧面。开关为断开状态时手柄应在水平位置。HZ3 系列组合开关外壳上的接地螺钉应可靠接地。

（2）若需在箱内操作，开关最好装在箱内右上方，且在它的上方不安装其他电器，否则应采取隔离或绝缘措施。

（3）组合开关的通断能力较低，不能用来分断故障电流。用于控制异步电动机的正反转时，必须在电动机完全停止转动后才能反向启动，且每小时的接通次数不能超过 15 ~ 20 次。

（4）当操作频率过高或负载功率因数较低时，应降低开关的容量使用，以延长其使用寿命。

（5）倒顺开关接线时，应将开关两侧进出线中一相互换，并看清开关接线端标记，切忌接错，以免产生电源两相短路故障。

F　组合开关的拆装及检修

（1）组合开关的拆装：

1）了解和观察刀开关的故障现象或不正常现象。

2）按照图 6-5 所示组合开关结构进行拆卸，并观察其内部构造。

3）更换或修复已损坏的零部件。

4）重新装配已修整好的器件，并用仪表检测器件。

（2）组合开关的常见故障及检修方法见表 6-2。

表 6-2　组合开关的常见故障及检修方法

故 障 现 象	原 因	处 理 方 法
手柄转动后，内部触头未动	（1）手柄上的轴孔磨损变形； （2）绝缘杆变形（由方轴磨为圆形）； （3）手柄与方轴，或轴与绝缘杆配合松动 （4）操作机构损坏	（1）调换手柄； （2）更换绝缘杆； （3）紧固松动部件； （4）修理更换
手柄转动后，动静触头不能按要求动作	（1）组合开关型号选用不正确； （2）触头角度装配不正确； （3）触头失去弹性或接触不良	（1）更换开关； （2）重新装配； （3）更换触头或清除氧化层或尘污
接线柱间短路	因铁屑或油污附着接线柱，形成导电层，将胶木烧焦，绝缘损坏而形成短路	更换开关

任务 6.2　按钮、行程开关的拆装、修理与检测知识准备

【任务教学目标】

（1）知道常用低压电器的种类及作用。

（2）知道常用低压电器的结构、工作原理及图形文字符号。

（3）掌握低压电器的检修方法。

（4）认识元器件并会绘制低压电器的符号。

6.2.1　任务描述与分析

6.2.1.1　任务描述

按钮、行程开关、万能转换开关等在电气控制系统中主要用于发送动作指令，因此也叫主令电器，主令电器通过接通和分断控制电路以发布命令或对生产过程作程序控制。

6.2.1.2　任务分析

本任务介绍了按钮、行程开关、万能转换开关等主令电器的基本结构、原理，掌握按钮、行程开关、万能转换开关等的选用、接线及故障判断、维修。

6.2.2　相关知识

主令电器是在自动控制系统中发出指令的操纵电器，用它来控制接触器、继电器或其他电器，使电路接通或断开来实现生产机械的自动控制。

常用的主令电器有控制按钮、行程开关、万能转换开关、主令控制器等。

6.2.2.1　按钮

主令电器是在自动控制系统中发出指令的操纵电器，用它来控制接触器、继电器或其他电器，使电路接通或断开来实现生产机械的自动控制。

常用的主令电器有控制按钮、行程开关、万能转换开关、主令控制器等。

A　按钮的作用及结构

按钮是一种以短时接通或分断小电流的电器，它不直接去控制主电路的通断，而在控制电路中发出"指令"去控制接触器、继电器等电器，再由它们去控制主电路。

按钮的触头，允许通过电流很小，一般不超过5A，其外形结构如图6-6所示。

图6-6　按钮外形及结构示意图

1—按钮帽；2—复位弹簧；3—常闭静触头；4—动触头；5—常开静触头

B　按钮的表示

按钮的图形符号及文字符号如图6-7所示。

C　按钮的型号意义

按钮的规格品种很多，常用的有 LA18、LA19、LA25、LAY3、LAY4 系列等，在选用时可根据使用场合酌情选择。按钮的型号如图 6-8 所示。

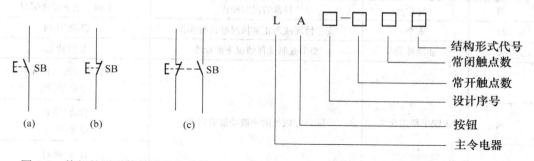

图 6-7　按钮的图形符号及文字符号　　　　　图 6-8　按钮的型号含义
（a）常开触点；（b）常闭触电；（c）复合按钮

其中结构形式代号的含义为：K——开启式；S——防水式；J——紧急式；X——旋钮式；H——保护式；F——防腐式；Y——钥匙式；D——带指示灯。

常用按钮的技术数据见表 6-3。

表 6-3　常用按钮开关技术数据

型　号	额定电压/V	额定电流/A	结构形式	触头数（副）		按　钮	
				常开	常闭	钮数	颜　色
LA2			单元件	1	1	1	黑、绿、红
KA10-2K			开启式	2	2	2	黑、绿、红
LA10-3K			开启式	3	3	3	黑、绿、红
LA10-2H			保护式	2	2	2	黑、绿、红
LA10-3H			保护式	3	3	3	黑、绿、红
LA18-22J			元件（紧急式）	2	2	1	红
LA18-44J			元件（紧急式）	4	4	1	红
LA18-66J	500	5	元件（紧急式）	6	6	1	红
LA18-22Y			元件（钥匙式）	2	2	1	黑
LA18-44Y			元件（钥匙式）	4	4	1	黑
LA18-22X			元件（旋钮式）	2	2	1	黑
LA18-44X			元件（旋钮式）	4	4	1	黑
LA18-66X			元件（旋钮式）	6	6	1	黑
LA19-11J			元件（紧急式）	1	1	1	红
LA19-11D			元件（带指示灯）	1	1	1	红、绿、黄、蓝、白

为了便于操作人员识别，避免发生误操作，生产中用不同的颜色和符号标志来区别按钮的功能及作用，按钮的颜色含义见表 6-4。

表 6-4　按钮颜色的含义

颜色	含　义	说　明	应用示例
红	紧急	危险或紧急情况操作	急停
黄	异常	异常情况时操作	干预、制止异常情况
绿	安全	安全情况或为正常情况准备时操作	启动/接通
蓝	强制性的	要求强制动作情况下的操作	复位功能
白	未赋予特定含义	除急停以外的一般功能的启动	启动/接通（优先） 停止/断开
灰			启动/接通 停止/断开
黑			启动/接通 停止/断开（优先）

D　按钮的选择

（1）根据适用场合和具体用途选择按钮的种类。如嵌装在操作面板上的按钮可选用开启式；需显示工作状态的选用光标式；在非常重要处，为防止无关人员误操作可采用钥匙操作式；在有腐蚀性气体处要用防腐式等。

（2）根据工作状态指示和工作情况。要求选择按钮或指示灯的颜色，如启动按钮可选用白、灰或黑色，优先选用白色，也允许选用绿色。急停按钮应选用红色。停止按钮可选用黑、灰或白色，优先用黑色，也允许选用红色。

（3）根据控制回路的需要选择按钮的数量，如单联钮、双联钮和三联钮等。

E　按钮的安装及使用

（1）按钮安装在面板上时，应布置整齐，排列合理，如根据电动机启动的先后顺序，从上至下或从左到右排列。

（2）同一机床运动部件有几种不同的工作状态时（如上、下、前、后、松、紧等），应使每一对相反状态的按钮安装在一组。

（3）按钮的安装应牢固，安装按钮的金属板或金属按钮盒必须可靠接地。

（4）由于按钮的触头间距较小，如有油污等极易发生短路故障，所以应注意保持触头的清洁。

（5）光标按钮一般不宜用于需长期通电显示处，以免塑料外壳过度受热而变形，使更换灯泡更困难。

6.2.2.2　行程开关

行程开关也称为限位开关或位置开关，用于检测工作机械的位置，其作用与按钮相同，只是触点的动作不是靠手动操作，而是利用生产机械某些运动部件的撞击来发出控制信号以此来实现接通或分断某些电路，使之达到一定的控制要求。

A　型号含义

行程开关的型号及其含义如图 6-9 所示。

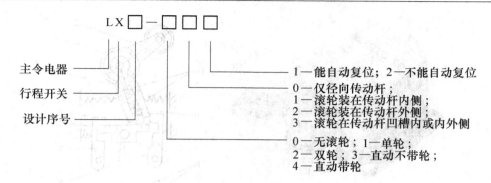

图 6-9 行程开关的型号含义

B 行程开关的种类

行程开关的种类很多，按照操作方式可分为瞬动型和蠕动型，按结构可分为直动式（LX1、JLXK1 系列）、滚轮式（LX2、JLXK2 系列）和微动式（LXW-11、JLXK1-11 系列）3 种。

直动式行程开关的外形及结构原理如图 6-10 所示，它的动作原理与按钮相同。其触头的分合速度取决于生产机械的运动速度，不宜于速度低于 0.4r/min 的场所。

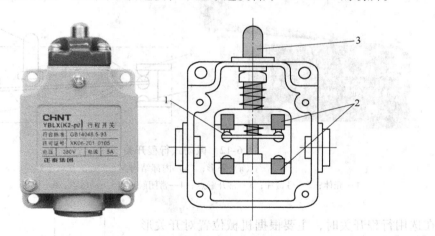

图 6-10 直动式行程开关
（a）外形；（b）内部构造
1—动触头；2—静触头；3—顶杆

滚轮式行程开关适合于低速运动的机械，又分为单滚轮自动复位和双滚轮非自动复位式，由于双滚轮式行程开关具有两个稳态位置，有"记忆"作用，在某些情况下可使控制电路简化。其外形及结构示意图如图 6-11 所示。

微动式行程开关（LXW-11 系列）是行程非常小的瞬时动作开关，其特点是操作力小且操作行程短，常用于机械、纺织、轻工、电子仪器等各种机械设备和家用电器中，起限位保护和连锁作用。其外形及结构示意图如图 6-12 所示。

C 行程开关的表示

行程开关的图形符号及文字符号如图 6-13 所示。

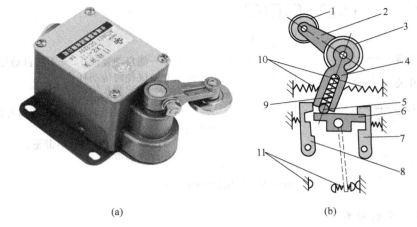

(a) (b)

图 6-11 滚轮式行程开关

（a）外形；（b）内部结构

1—滚轮；2—上转臂；3—盘形弹簧；4—推杆；5—小滚轮；
6—擒纵杆；7～9—压缩弹簧；10—左右弹簧；11—触头

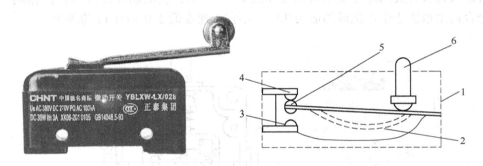

图 6-12 微动式行程开关

（a）外形；（b）内部结构

1—壳体；2—弓簧片；3—常开触点；4—常闭触点；5—动触点；6—推杆

在选用行程开关时，主要根据机械位置对开关形式的要求和控制线路对触点的数量要求以及电流、电压等级来确定其型号。

6.2.2.3 万能转换开关

万能转换开关有多组相同结构的开关元件叠装而成，是可以控制多回路的主令电器。它可作为电压表、电流表的换相测量开关，或用于小容量电动机的

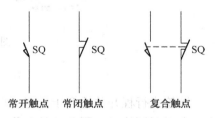

常开触点　常闭触点　复合触点

图 6-13 行程开关的图形及文字符号

启动、制动、正反转换向及双速电机的调速控制。由于开关的触头挡数多、换接线路多、用途广泛，故称为万能转换开关。

万能转换开关由很多层触头底座叠装而成，每层触头底座内装有一副（或三副）触头和一个装在转轴上的凸轮，操作时手柄带动转轴和凸轮一起旋转，凸轮就可以接通或分断

触头。由于凸轮的形状不同，当手柄在不同的操作位置时，触头的分断情况也不同，从而达到换接电路的目的。

万能转换开关的形式很多，常用的有 LW5 和 LW6 系列，下面以此为例进行介绍。LW5-16 万能转换开关主要用于交流 50Hz，电压 500V 及直流电压 440V 的电路中，作电气控制线路转换之用，也可用于电压 380V、5. 5kW 及以下的三相鼠笼型异步电动机的直接控制。LW6 型万能转换开关主要适用于交流 50Hz，电压 380V，直流电压 220V 的机床控制线路中，实现各种线路的控制和转换，也可用于其他控制线路的转换。其外形如图 6-14 所示。

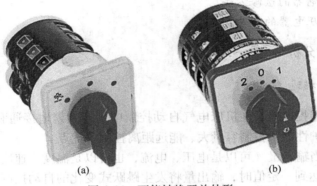

(a)
2 0 1
(b)

图 6-14　万能转换开关外形
(a) LW5 系列；(b) LW6 系列

型号含义如图 6-15 所示。

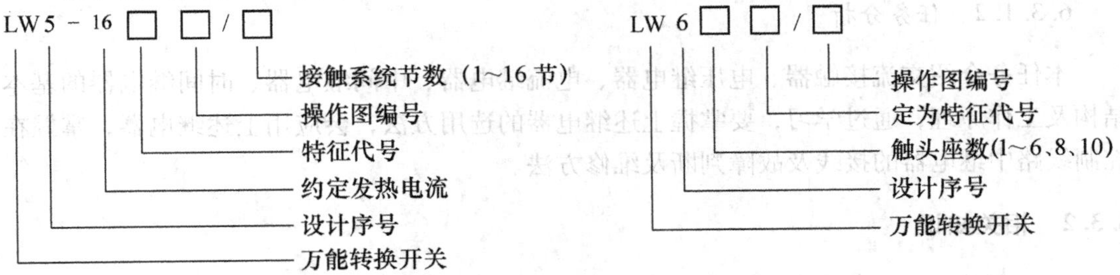

LW5 - 16 □ □ / □
接触系统节数（1~16 节）
操作图编号
特征代号
约定发热电流
设计序号
万能转换开关
LW 6 □ □ / □
操作图编号
定为特征代号
触头座数(1~6、8、10)
设计序号
万能转换开关

图 6-15　万能转换开关的型号含义

万能转换开关的图形及符号如图 6-16 所示。

SA
3 2 1 0 1 2 3

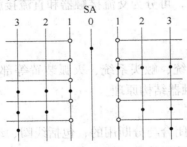

图 6-16　万能转换开关符号

任务 6.3　交流接触器、继电器等的拆装、修理与检测知识准备

【任务教学目标】

（1）知道常用低压电器的种类及作用。

（2）知道常用低压电器的结构、工作原理及图形文字符号。

（3）掌握低压电器的检修方法。

（4）会绘制低压电器的符号。

6.3.1　任务描述与分析

6.3.1.1　任务描述

接触器是一种遥控电器，在机床电气自动控制中用来频繁地接通和断开交直流电路，具有低电压释放保护性能、控制容量大、能远距离控制等优点。

继电器是一种当输入量（可以是电压、电流，也可以是温度、速度、压力等其他物理量，又称激励量）达到一定值时，输出量将发生跳跃式变化的自动控制器件。通常应用于自动控制电路中，它实际上是用较小的电流去控制较大电流的一种"自动开关"。在机床电气控制电路中起着自动调节、安全保护、转换电路等作用。

6.3.1.2　任务分析

本任务介绍交流接触器、电压继电器、电流继电器、中间继电器、时间继电器的基本结构及工作原理，通过学习，要掌握上述继电器的选用方法，会应用上述继电器，掌握在控制线路中继电器的接线及故障判断及维修方法。

6.3.2　相关知识

6.3.2.1　交流接触器

接触器是利用电磁吸力及弹簧反作用力配合动作，而使触头闭合与分断的一种电器。按其触头通过电流的种类不同，可分为交流接触器和直流接触器。在本书中主要介绍交流接触器。

A　交流接触器的结构

交流接触器主要由电磁系统、触头系统、灭弧装置等部分组成。图 6-17 为部分交流接触器的外形，图 6-18 为接触器结构原理。

a　电磁机构

电磁机构是用来操作触头闭合与分断用的，包括线圈、动铁芯和静铁芯。

交流接触器的铁芯一般用硅钢片叠压铆成，以减少交变磁场在铁芯中产生涡流及磁滞损耗，避免铁芯过热。

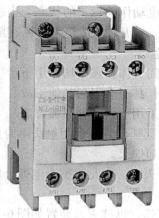

图 6-17　交流接触器外形

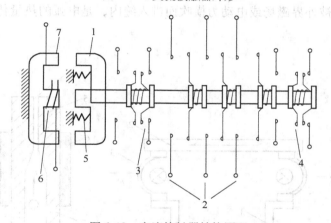

图 6-18　交流接触器结构原理

1—动铁芯；2—主触头；3—动断辅助触头；4—动合辅助触头；

5—恢复弹簧；6—吸引线圈；7—静铁芯

　　交流接触器的铁芯上装有一个短路铜环，又称减震环，如图 6-19 所示。其作用是减少交流接触器吸合时产生的振动和噪声。

　　为了增加铁芯的散热面积，交流接触器的线圈一般采用短而粗的圆筒形电压线圈，并与铁芯之间有一定间隙，以避免线圈与铁芯直接接触而受热烧坏。

　　b　触头系统

　　交流接触器的触头起分断和闭合电路的作用，因此，要求触头导电性能良好，所以触头通常采用紫铜制成。接触器的触头系统包括主触头和辅助触头，主触头用以通断电流较大的主电路，体积较大，一般是由三对常开触头组成；辅助触头用以通断小电流的控制电路，体积较小，它有常开（动合）和常闭（动断）两种触头。常开、常闭是

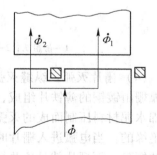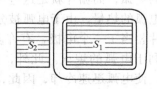

图 6-19　电磁机构短路环

指电磁系统未通电动作前触头的状态。当线圈通电时，常闭触头先断开。常开触头随即闭合，线圈断电时，常开触头先恢复分断，随后常闭触头恢复闭合。

　　c　灭弧装置

电弧是触头间气体在强电场作用下产生的放电现象，会发光发热，灼伤触头，并使电路切断时间延长，甚至会引起其他事故。一般容量在 10A 以上的接触器都有灭弧装置。在交流接触器中常采用下列几种灭弧方法。

（1）电动力灭弧。它是利用触头本身的电动力 F 把电弧拉长，是电弧热量在拉长的过程中散发而冷却熄灭。

（2）双断口灭弧。它是将整个电弧分成两段，同时利用上述电动力将电弧熄灭，如图6-20（a）所示。

（3）纵缝灭弧。纵缝灭弧装置如图6-20（b）所示，灭弧罩内只有一个纵缝，缝的下部宽些，以便放置触头；缝的上部窄些，以便电弧压缩，并和灭弧室壁有很好的接触。当触头分断时，电弧被外界磁场或电动力横吹而进入缝内，是电弧的热量传递给室壁而迅速冷却熄弧。

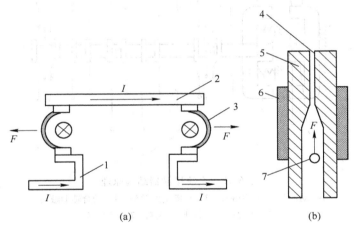

图6-20　灭弧装置

（a）双断口灭弧；（b）纵缝灭弧

1—静触头；2—动触头；3，7—电弧；4—纵缝；5—介质；6—磁性夹板

（4）栅片灭弧。纵缝灭弧装置如图6-21所示，灭弧栅由镀铜的薄铁片组成，薄铁片插在由陶土或石棉水泥材料压制而成的灭弧罩中，各片之间是相互绝缘的。当电弧进入栅片时，被分割成一段段串联的短弧，而栅片就是这些短弧的电极，栅片能导出电弧的热量。由于电弧被分割成许多段，每一个栅片相当于一个电极，有许多个阳极和阴极降压，有利于电弧的熄灭。此外，栅片还能吸收电弧热量，使电弧迅速冷却，因此，电弧进入栅片后就会很快熄灭。

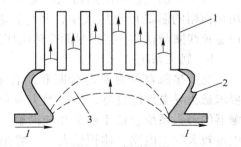

图6-21　栅片灭弧

1—灭弧栅；2—触头；3—电弧

d　其他部分

交流接触器的其他部分包括反作用力弹簧、缓冲弹簧、触头压力弹簧片、传动机构和接线柱等。

反作用力弹簧的作用是当线圈断电时，使触头复位分断。缓冲带弹簧是一个静铁芯和胶木底座之间的刚性较强的弹簧，它的作用是缓冲动铁芯在吸合时对静铁芯的冲击力，保护胶木外壳免受冲击，不易损坏。触头压力弹簧片的作用是增加动、静触头间的压力，从而增大接触面积减小接触电阻。

B　交流接触器的工作原理

当线圈得电后，在铁芯中产生磁通及电磁吸力，衔铁在电磁吸力的作用下吸向铁芯，同时带动动触头移动，使常闭触头打开，常开触头吸合。当线圈失电或线圈两端电压显著降低时，电磁吸力弹簧反力，使得衔铁（动铁芯）释放，触头机构复位，断开电路或解除互锁。

C　交流接触器的技术数据

（1）额定电压。接触器铭牌额定电压是指主触点上的额定工作电压。直流接触器常用的电压等级为110V、220V、440V、660V等。交流接触器常用的电压等级为127V、220V、380V、500V等。

（2）额定电流。接触器铭牌额定电流是指主触头的额定电流。直流接触器常用的电流等级为25A、40A、60A、100A、250A、400A、600A。交流接触器常用的电流等级为5A、10A、20A、40A、60A、100A、150A、250A、400A、600A。

（3）动作值。动作值是指接触器的吸合电压与释放电压。接触器在额定电压85%以上时，应可靠吸合，释放电压不高于额定电压的70%。

（4）接通与分断能力。接通与分断能力是指接触器的主触头在规定的条件下能可靠地接通和分断的电流值，而不应发生熔焊、飞弧和过分磨损。

（5）额定操作频率。额定操作频率是指每小时接通次数。交流接触器最高为600次/h，直流接触器可最高为1200次/h。

（6）寿命。寿命包括电寿命和机械寿命。目前接触器的机械寿命已达一千万次以上，电气寿命是机械寿命的5%~20%。

D　接触器的型号

接触器的型号含义如图6-22所示。

E　接触器的选择

（1）选择接触器的类型。根据所控制的电动机或负载电流类型来选择接触器的类型。

（2）选择接触器触头的额定电压。通常选择接触器触头的额定电压大于或等于负载回路的额定电压。

（3）选择接触器主触头的额定电流。选择接触器主触头的额定电流应大于或等于电动机的额定电流。

可按下列经验公式计算（适用于CJ0、CJ10系列）：

$$I_{\text{C}} = \frac{P_{\text{N}} \times 10^{3}}{KU_{\text{N}}} \tag{6-1}$$

式中，K 为经验系数，一般取 1～1.4；P_N 为被控制电动机的额定功率，kW；U_N 为被控制电动机的额定电压，V；I_C 为接触器主触头电流，A。

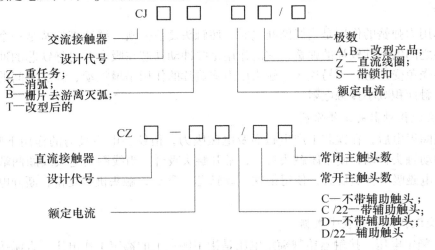

图 6-22　接触器的型号含义

（4）选择接触器吸引线圈的电压。接触器吸引线圈的电压一般从人身和设备安全角度考虑，可选择低些，但当控制线路简单、用电不多时，为了节省变压器，可选择 380V。

（5）接触器的触头数量、种类选择。接触器的触头数量、种类选择等应满足控制线路的要求。

F　接触器的安装和使用

（1）接触器安装前应先检查接触器的线圈电压，是否符合实际使用要求，然后将铁芯极面上的防锈油擦净，以免油垢黏滞造成接触器线圈断电、铁芯不释放，并用手分合接触器的活动部分，检查各触头接触是否良好，有否卡阻现象。灭弧罩应完整无损，固定牢固。

（2）接触器安装时，其底面与地面的倾斜度应小于 45°，安装 CJ0 系列接触器时，应使有孔两面放在上下方向，以利于散热。

（3）接触器的触头不允许涂油，当触头表面因电弧作用形成金属小珠时，应及时铲除，但锉修触头表面产生的氧化膜由于其接触电阻很小，不必挫修，否则将缩短触头的使用寿命。

6.3.2.2　继电器

继电器是根据某种输入信号的变化，接通或断开控制电路，实现自动控制和保护电力装置的自动电器。主要用于控制及保护电路中。输入信号可以是电压、电流，也可以是其他的物理信号（如温度、压力、速度等）。

无论继电器的输入量是电量或非电量，继电器工作的最终目的总是控制触点的分断或闭合，从而控制电路通断的，就这一点来说接触器与继电器是相同的。但是它们又有区别，主要表现在以下两个方面：

（1）所控制的线路不同。继电器用于控制电讯线路、仪表线路、自控装置等小电流电路及控制电路；接触器用于控制电动机等大功率、大电流电路及主电路。

（2）输入信号不同。继电器的输入信号可以是各种物理量，如电压、电流、时间、压力、速度等，而接触器的输入量是电压。

继电器种类繁多，常用的有电压继电器、电流继电器、中间继电器、时间继电器、速度继电器、压力继电器等。按工作原理可分为电磁式继电器、感应式继电器、电动式继电器、电子式继电器、热继电器等；按用途可分为控制与保护继电器；按输出形式可分为有触点和无触点继电器。

电磁式继电器是依据电压、电流等电量，利用电磁原理使衔铁闭合动作，进而带动触头动作，使控制电路接通或断开，实现动作状态的改变。

下面主要介绍电磁式继电器的结构及原理。

A　电磁式电压继电器

电压继电器（voltage relay）反映的是电压信号。使用时，电压继电器的线圈并联在被测电路中，线圈的匝数多、导线细、阻抗大。电压继电器根据所接线路电压值的变化，处于吸合或释放状态。根据动作电压值不同，电压继电器可分为欠电压继电器和过电压继电器两种。根据动作电压值不同，电压继电器可分为欠电压继电器和过电压继电器两种。

过电压继电器在电路电压正常时，衔铁释放，一旦电路电压升高至额定电压的110%～115%以上时，衔铁吸合，带动相应的触点动作；欠电压继电器在电路电压正常时，衔铁吸合，一旦电路电压降至额定电压的5%~25%以下时，衔铁释放，输出信号。

电压继电器外形、图形及文字符号如图6-23所示。

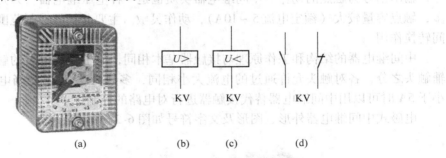

图6-23　电压继电器外形、图形及文字符号
（a）外形；（b）过电压继电器线圈符号；（c）欠电压继电器线圈符号；
（d）电压继电器触头符号

B　电磁式电流继电器

电流继电器（current relay）是反映输入量为电流的继电器。使用时，电流继电器的线圈串联在被测量电路中，用来检测电路的电流。电流继电器的线圈匝数少，导线粗，线圈的阻抗小。电流继电器除用于电流型保护的场合外，还经常用于按电流原则控制的场合。电流继电器有欠电流继电器和过电流继电器两种。

过电流继电器在电路正常工作时，衔铁是释放的；一旦电路发生过载或短路故障时，衔铁才吸合，带动相应的触点动作，即常开触点闭合，常闭触点断开。

欠电流继电器在电路正常工作时，衔铁是吸合的，其常开触点闭合，常闭触点断开；

一旦线圈中的电流降至额定电流的 10% ~ 20% 以下时，衔铁释放，发出信号，从而改变电路的状态。

电流继电器外观及文字图形符号如图 6-24 所示。

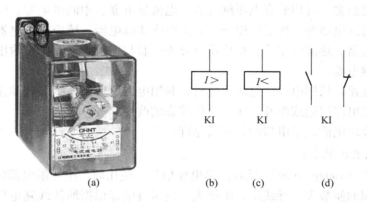

图 6-24　电流继电器外形、图形及文字符号

（a）外观；（b）过电流继电器线圈符号；（c）欠电流继电器线圈符号；

（d）电流继电器触头符号

C　电磁式中间继电器

中间继电器是用来转换和传递控制信号的元件。它的输入信号是线圈的通电断电信号，输出信号为触点的动作。中间继电器实质也是一种电压继电器。只是它的触点对数较多，触点容量较大（额定电流 5 ~ 10A），动作灵敏。主要起扩展控制范围或传递信号的中间转换作用。

中间继电器的结构和工作原理与接触器基本相同，但中间继电器的触头多，且没有主辅触头之分，各对触头允许通过的电流大小相同，多数为 5A，因此当电路中的工作电流小于 5A 时可以用中间继电器替代接触器进行对电路的控制。

电磁式中间继电器外形、图形及文字符号如图 6-25 所示。

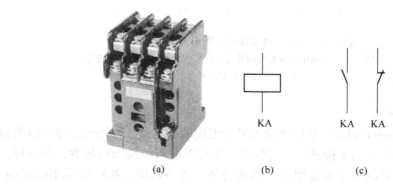

图 6-25　中间继电器外形、图形及文字符号

（a）外观；（b）中间继电器线圈符号；（c）中间继电器触头符号

D　时间继电器

在自动控制系统中，有时需要继电器得到信号后不立即动作，而是要顺延一段时间后

再动作并输出控制信号，以达到按时间顺序进行控制的目的。时间继电器就是利用某种原理实现触点延时动作的自动电器，经常用于按时间控制原则进行控制的场合。

时间继电器按工作原理分可分为直流电磁式、空气阻尼式（气囊式）、晶体管式、电动式等几种。按延时方式分可分为：通电延时型和断电延时型。

下面以空气阻尼式时间继电器为例，来介绍时间继电器的原理及应用。

空气阻尼式时间继电器是利用空气阻尼原理获得延时的，其结构由电磁系统、延时机构和触点三部分组成。电磁机构为双 E 直动式，触头系统为微动开关，延时机构采用气囊式阻尼器。

空气阻尼式时间继电器既有通电延时型，也有断电延时型。只要改变电磁机构的安装方向，便可实现不同的延时方式：当衔铁位于铁芯和延时机构之间时为通电延时；当铁芯位于衔铁和延时机构之间时为断电延时。图 6-26 所示为空气阻尼式时间继电器的外形图。

图 6-26　空气阻尼式时间继电器外形图

下面以空气阻尼式通电延时型时间继电器为例进行动作原理阐述，如图 6-27 所示。

当线圈 1 通电后，铁芯 2 将衔铁 3 吸合，活塞杆 6 在塔形弹簧的作用下，带动活塞 12 及橡皮膜 10 向上移动，由于橡皮膜下方气室空气稀薄，形成负压，因此活塞杆 6 不能上移。当空气由气孔 14 进入时，活塞杆 6 才逐渐上移。移到最上端时，杠杆 7 才使微动开关动作。延时时间即为自电磁铁吸引线圈通电时刻起到微动开关动作时止的这段时间。通过调节螺钉 13 调节进气口的大小，就可以调节延时时间。

当线圈 1 断电时，衔铁 3 在复位弹簧 4 的作用下将活塞 12 推向最下端。因活塞被往下推时，橡皮膜下方气孔内的空气都通过橡皮膜 10、弹簧 9 和活塞 12 肩部所形成的单向阀，经上气室缝隙顺利排掉，因此延时与不延时微动开关 15 与 16 都迅速复位。

断电延时型时间继电器工作原理同学们可自行分析。

时间继电器的图形符号及文字符号如图 6-28 所示。

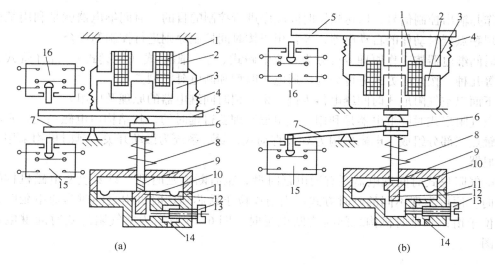

图 6-27　空气阻尼式时间继电器的动作原理图

（a）通电延时型；（b）断电延时型

1—线圈；2—铁芯；3—衔铁；4—恢复弹簧；5—推板；6—活塞杆；7—杠杆；8—塔形弹簧；9—弱弹簧；
10—橡皮膜；11—气室；12—活塞；13—调节螺钉；14—进气孔；15，16—微动开关

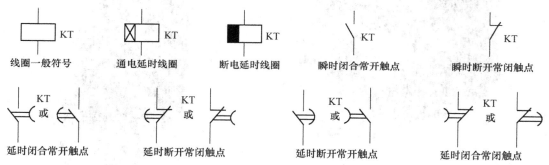

图 6-28　时间继电器图形及文字符号

E　速度继电器与热继电器

速度继电器是利用转轴的一定转速来切换电路的自动电器。是用来反映转速与转向变化的继电器。它主要用作鼠笼式异步电动机的反接制动控制中，故称为反接制动继电器。图 6-29 为速度继电器的结构示意图。

速度继电器主要由转子、定子和触头三部分组成。转子是一个圆柱形永久磁铁，定子是一个笼形空心圆环，由硅钢片叠成，并装有笼形的绕组。速度继电器的转轴和电动机的轴通过联轴器相连，当电动机转动时，速度继电器的转子随之转动，定子内的绕组便切割磁感线，产生感应电动势，而后产生感应电流，此电流与转子磁场作用产生转矩，使定子开始转动。电

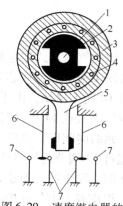

图 6-29　速度继电器的结构示意图

1—转轴；2—转子；3—定子；4—绕组；
5—胶木摆杆；6—动触点；7—静触点

动机转速达到某一值时，产生的转矩能使定子转到一定角度使摆杆推动常闭触点动作；当电动机转速低于某一值或停转时，定子产生的转矩会减小或消失，触点在弹簧的作用下复位。

速度继电器有两组触点（每组各有一对常开触点和常闭触点），可分别控制电动机正、反转的反接制动。常用的速度继电器有 JY1 型和 JFZ0 型，一般速度继电器的动作速度为 120r/min，触点的复位速度值为 100r/min。在连续工作制中，能可靠地工作在 1000 ~ 3600r/min，允许操作频率每小时不超过 30 次。

速度继电器图形、文字符号如图 6-30 所示。

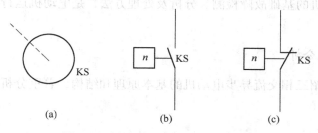

图 6-30　速度继电器图形、文字符号
（a）转子；（b）常开触点；（c）常闭触点

热继电器相关内容请参见附录。

F　继电器的主要技术参数

继电器的主要技术参数有额定工作电压、吸合电流、释放电流、触点切换电压和电流。

（1）额定工作电压是指继电器正常工作时线圈所需的电压。根据继电器的型号不同，可以是交流电压，也可以是直流电压。

（2）吸合电流是指继电器能够产生吸合动作的最小电流。在正常使用时，给定的电流必须略大于吸合电流，这样继电器才能稳定地工作。而对于线圈所加的工作电压，一般不要超过额定工作电压的 1.5 倍，否则会产生较大的电流而把线圈烧毁。

（3）释放电流是指继电器产生释放动作的最大电流。当继电器吸合状态的电流减小到一定程度时，继电器就会恢复到未通电的释放状态。这时的电流远远小于吸合电流。

（4）触点切换电压和电流是指继电器允许加载的电压和电流。它决定了继电器能控制的电压和电流的大小，使用时不能超过此值，否则很容易损坏继电器的触点。

任务6.4　三相交流异步电机结构、原理及测试方法

【任务教学目标】

（1）知道常用低压电器检修的检修方法。

（2）知道常用低压电器的检修步骤。

（3）知道交流电机的简单测试方法。

（4）会低压电器的检修。

（5）会交流电机的测试。

6.4.1 任务描述与分析

6.4.1.1 任务描述

随着工农业生产电气化、自动化程度的不断提高，电机（特别是异步电动机）的适用范围日益扩大。三相异步电动机是以三相对称交流电为电源，进行电能与机械能相互转换的设备，具有结构简单、运行可靠、维护方便、价格低廉等优点。

三相异步电动机的基础故障检测、分析及处理方法，是电动机运行维护人员必须学习的技能。

6.4.1.2 任务分析

本任务主要介绍三相交流异步电动机的基本原理和结构，着重分析异步电动机的测试方法。

6.4.2 相关知识

6.4.2.1 三相交流异步电动机的结构

三相异步电动机在结构上主要由两大部分组成，即静止部分和转动部分。静止部分称为定子，转动部分称为转子。定子、转子之间有一定缝隙，称为气隙。此外，还有机座、端盖、轴承、接线盒、风扇等其他部分。异步电动机根据转子绕组的不同结构形式，可分为笼型（鼠笼型）和绕线型两种。图 6-31 所示为笼型感应电动机的结构。

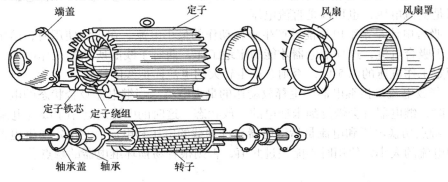

图 6-31 鼠笼型异步电动机的结构

A 定子

定子是用来产生旋转磁场的，主要由定子铁芯、定子绕组和机座三部分组成。

定子铁芯是电动机磁路的一部分，为减少铁芯损耗，一般由 0.55mm 厚的导磁性能较好的硅钢片叠成，安放在机座内。定子铁芯叠片冲有嵌放绕组的槽，故又称为冲片。中小型电动机的定子铁芯和转子铁芯都采用整圆冲片，如图 6-32 所示。大中型电动机常将扇形冲片拼成一个圆。

定子绕组时电动机的电路部分，其作用时通入三相交流电后产生旋转的磁场。它是用高强度漆包线绕制成固定形式的线圈，嵌入定子槽内，再按照一定的接线规律，相互连接

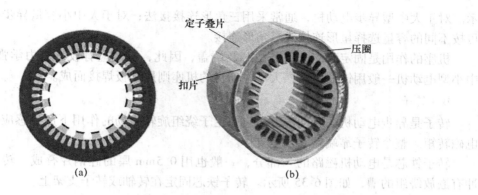

图 6-32　异步电动机的定子

（a）定子铁芯冲片；（b）定子铁芯

而成，如图 6-33（a）所示。三相异步电动机的定子绕组通常有六根出线头，如图 6-33（b）、（c）所示，根据电动机的容量和需要可选择星形连接或三角形连接，如图 6-34 所

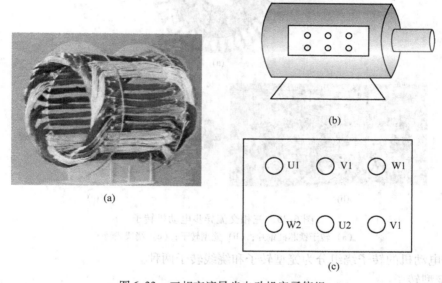

图 6-33　三相交流异步电动机定子绕组

（a）定子三相对称绕组模型；（b）电机定子绕组接线盒；（c）接线盒标示

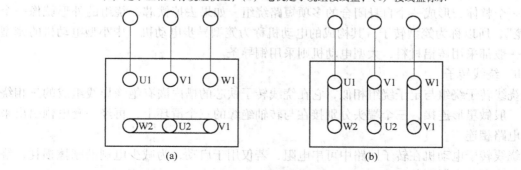

图 6-34　三相交流异步电动机定子绕组接线

（a）Ｙ连接；（b）△连接

示。对于大中型异步电动机，通常采用三角形连接接法；对于大中小容量异步电动机，则可按不同的容量选择星形连接或三角形连接。

机座的作用是固定和支撑定子铁芯及端盖，因此，机座应有较好的力学强度和刚度。中小型电动机一般用铸铁机座，大型电动机的机座则用钢板焊接而成。

B　转子

转子是异步电动机的转动部分，它在定子绕组旋转磁场的作用下产生感应电流，形成电磁转矩。整个转子靠端盖和轴承支撑。

转子铁芯是电动机磁路的一部分，一般也用 0.5mm 厚的硅钢片叠成。转子铁芯叠片冲有嵌放绕组的槽，如图 6-35 所示。转子铁芯固定在转轴或转子支架上。

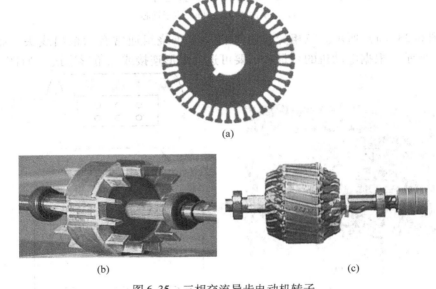

(a)

(b)　　　　　　　　　(c)

图 6-35　三相交流异步电动机转子

(a) 转子铁芯硅钢片；(b) 笼型转子；(c) 绕线式转子

异步电动机的转子绕组分为笼型转子和绕线转子两种。

a　笼型转子

在转子铁芯的每一个槽中插入一根裸导条，在铁芯的两端分别用两个短路环把导条连接成一个整体，形成一个自身闭合的多项短路绕组。如果去掉铁芯，绕组的外形就像一个"鼠笼"，所以称为笼型转子。其构成的电动机称为笼型异步电动机。中小型电动机的笼型转子一般都采用铸铝材料，大型电动机则采用铜导条。

b　绕线转子

绕线转子绕组与定子绕组相似，它在绕线转子铁芯的槽内嵌有绝缘导线组成的三相绕组，一般做星形连接，三个端头分别接在与转轴绝缘的三个滑环上，再经一套电刷引出来与外电路相连。

绕线转子电动机在转子回路中可串电阻，若仅用于启动，为减少电刷的摩擦损耗，绕线转子中还装有提刷装置。

c　转轴

转轴一般用碳钢制作。转子铁芯套在转轴上，它支撑着转子，使转子能在定子内腔均匀地旋转。转轴的轴伸端上有键槽，通过键槽一般用铸铁或钢板制成，它是电动机外壳机座的一部分。中小型电动机一般采用带轴承的端盖。

6.4.2.2　三相异步电动机的基本工作原理

在异步电动机的定子铁芯里嵌放着对称的三相绕组 U1U2、V1V2、W1W2，转子是一个闭合的多相绕组笼型异步电动机。如图 6-36 所示为异步电动机的工作原理图，图中定子、转子上的小圆圈表示定子绕组和转子导体。

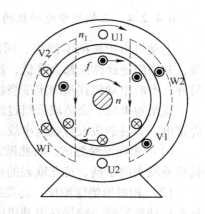

由上节所学知识可知，当异步电动机定子对称的三相绕组中通入对称的三相电流时，就会产生一个以同步转速 n_1 旋转的圆形旋转磁场，同步转速 n_1 为

$$n_1 = \frac{60f}{P} \qquad (6\text{-}2)$$

图 6-36　感应电动机的工作原理图

式中，f 为电源频率，Hz；P 为电动机极对数。

当定子绕组中通入 U、V、W 相序的三相电流时，产生圆形的旋转磁场；转子是静止的，转子与旋转磁场之间有相对运动，转子导体因切割定子磁场而产生感应电动势。因转子绕组自身闭合，故转子绕组内有电流流通，转子载流导体在磁场中受到电磁力的作用，从而形成电磁转矩，驱使电动机转子转动。异步电动机的转速恒小于旋转磁场转速 n_1，因为只有这样，转子绕组才能产生电磁转矩，使电动机旋转。如果 $n = n_1$，转子绕组与定子磁场之间便无相对运动，则电动机转子电流是通过电磁感应作用产生的，所以称为感应电动机。又由于电动机转速 n 与旋转磁场 n_1 不同步，故又称异步电动机。

6.4.2.3　三相异步电动机首尾端判定

在维修电动机时，常会遇到线端标记已丢失或标记模糊不清，从而无法辨别的情况。为了正确接线，就必须重新确定定子绕组的首尾端。检查三相首尾端是否接反，常用的方法有绕组串联检查法、电流检查法和万用表检查法。

（1）绕组检查法。是将一相绕组接在 36V 交流电源上，另外两相串联起来接一灯泡。灯泡发光，说明三相绕组首尾端连接正确；灯泡不发光，说明三相绕组首尾端连接不正确，可对调后再试。用同样的方法可以找到每一个绕组的首尾端。

（2）电流检查法。是将三相绕组接经调压器降压的三相低压电源，若三相电压平衡，则说明接线正确；如有一相首尾端接反，则接通三相电源后，因三相电流不平衡，绕组温度急剧升高，此时应及时切断电源，以免烧毁电动机绕组。

（3）万用表检查法。是用万用表确定各相的首尾端，有两种方法：

1）将三相绕组并联连接在万用表的毫安挡上，用手转动转子，如万用表指针不动，则说明绕组首尾端的连接正确；如果万用表的指针左右摆动，则说明绕组首尾端的连接错误。

2）将某相绕组串接在万用表的毫安挡上，另一相接干电池。在接通开关的瞬间，若万用表毫安挡指针摆向大于零的一边（即正偏），则电池正极所接线端与万用表黑表笔所接线端同为首或同为尾；再将电池接到另一相的两个接线端，方法同前，即可判断出三相绕组的首尾端。

6.4.2.4　三相异步电动机的绝缘测试

电动机由于长期不使用、周围环境潮湿、受日晒雨淋、长期运行、遭有害气体侵蚀等，其绕组绝缘性能都会降低，绝缘电阻下降；金属异物掉进绕组内部，也会损坏绝缘；另外，有时电动机在重绕定子绕组时，会损伤绝缘，使导线与铁芯相碰。

绕组通电后，会造成绕组过流发热，从而造成绕组匝间短路。绕组通电后，电动机外壳带电，容易造成人身触电事故。对于绕组的通地故障，必须及时修理。

（1）相间绝缘测试。将兆欧表的两个表笔分别接在两相绕组上，以 120r/min 的转速转动兆欧表的手柄，待兆欧表的指针趋于稳定即可读数。以此类推，可测量其余相。

（2）相对地绝缘测试。将兆欧表未标接地符号的一端接到电动机绕组的引出线上，将标有接地符号的一端接在电动机的基座上（没有绝缘漆的部分），以上述转速转动手柄进行测量。

测量所用兆欧表应根据电动机的电压等级进行选择。额定电压在 1000V 以下的电动机，常温下绝缘电阻要求不低于 0.5MΩ；额定电压在 1000V 以上的电动机，常温下绝缘电阻不低于 1MΩ。

任务6.5　常用低压电器的检修以及交流电机测试

【任务教学目标】

（1）知道常用低压电器检修的检修方法。

（2）知道常用低压电器的检修步骤。

（3）知道交流电机的简单测试方法。

（4）会低压电器的检修。

（5）会交流电机的测试。

6.5.1　任务描述与分析

6.5.1.1　任务描述

各种低压电器元件以及电机，在正常状态下使用或运行，都有各自的机械寿命和电气寿命，及自然磨损。若操作不当、运行过载、日常失修等，都会加速其老化，缩短使用寿命。

一般电磁式电器，通常由触点系统、电磁机构和灭弧装置等组成，这部分元件经过长期使用或使用不当，可能会发生故障而影响电器的正常工作。

而对三相异步电动机的基础故障检测、分析及处理方法，是电动机运行维护人员的必备技能。

6.5.1.2　任务分析

本任务主要介绍常用低压电器的故障原因及维修方法，以及电机在修理好或使用过程中用来检验电动机的质量是否符合要求而必须进行的一些试验。

6.5.2　相关知识

6.5.2.1　触头的故障及维修

触头是有触点低压电器的主要部件，它担负着接通和分断电路的作用，也是电器中比较容易损坏的部件。

A　触头过热

（1）通过动、静触头间的电流过大。造成的原因有：系统电压过高或过低、用电设备超负荷运行、电器触头容量选择不当、运行故障等。

（2）动静触头间的接触电阻变大。造成触头间接触电阻变大的原因有：触头压力不足、触头表面接触不良。为保持电阻的低值和稳定，应加强对运行中触头的维护和保养并及时清除触头表面的氧化物，增加其光洁度。

B　触头磨损

触头在使用过程中，其厚度越用越薄，这就是触头磨损。触头的磨损有两种：一种是电磨损，由于触头间电弧或电火花的高温使触头金属气化和蒸发所造成的；另一种是机械磨损，由于触头闭合时的撞击及触头接触面的相对滑动摩擦造成的。当触头接触部分磨损至原有厚度的 2/3 或 3/4 时，应更换新触头。

C　触头烧毛或熔焊

触头在闭合或分断时产生电弧，在电弧作用下，触点表面会形成许多突出的小点，而后小点面积扩大，即烧毛，则需用整形锉修整。

动、静触头接触面熔化后被焊在一起而断不开的现象，称为触头的熔焊。

6.5.2.2　电磁机构的故障及维修

A　衔铁噪声大

（1）动、静铁芯上的端面接触不良或有污垢。前者要在细砂纸上磨平端面，使之接触面在 80% 以上，后者要用汽油或四氯化碳清洗。

（2）铁芯上的短路环断裂。更换或将断裂处焊接上。

（3）电源电压太低。提高电源电压至额定值。

（4）铁芯卡住不能完全吸合。此时不仅噪声大，而且线圈中电流增大、温度升高，如不及时处理，将会烧毁线圈。应找出铁芯卡住的原因，使铁芯完全吸合，即可消除噪声。

B　线圈的故障及处理

（1）线圈匝间短路，更换线圈即可。

（2）动、静铁芯不能完全吸合，处理方法同铁芯卡住不能完全吸合一样。

（3）电源电压低，吸力不足而使铁芯振动，此时应调整电压到额定值。

（4）操作频繁。要减少接触器闭合和断开的频率，以免产生频繁的大电流冲击。

C　衔铁吸不上

当交流线圈接通电源后，衔铁不能被铁芯吸合时，应立即切断电源，以免线圈被烧毁。衔铁吸不上的主要原因是铁芯被卡住、反作用力弹簧反力过大、电源电压太低等。

D　衔铁不释放

当线圈断电后，衔铁不释放，此时应立即断开电源开关，以免发生事故。

造成衔铁不释放的主要原因有：触头弹簧压力过小、触头熔焊、机械可动部分卡阻、铁芯端面有油污和尘垢粘住、E 形铁芯的剩磁增大等。

6.5.2.3　灭弧装置的故障及维护

（1）灭弧罩受潮，设法烘干。

（2）灭弧罩破碎，更换新的灭弧罩。

（3）灭弧线圈匝间短路，可更换新线圈。

（4）灭弧栅片脱落或损坏，可用铁板制作予以更换。

6.5.3　技能训练：常用低压电器的检修

6.5.3.1　实训目的

（1）认知常用低压电器的结构。

（2）学习常用低压电器的一般测量方法。

（3）会检修常用低压电器。

6.5.3.2　实训器材

交流接触器、热继电器、断路器、按钮、螺丝刀、尖嘴钳、万用表。

6.5.3.3　实训内容及要求

A　组合开关的拆装及检修

（1）组合开关的拆装：

1）了解和观察组合开关的故障现象或不正常现象。

2）按照图 6-5 所示组合开关结构进行拆卸，并观察其内部构造。

3）更换或修复已损坏的零部件。

4）重新装配已修整好的器件，并用仪表检测器件。

（2）组合开关的常见故障及检修方法见表 6-5。

表 6-5　组合开关的常见故障及检修方法

故障现象	原　因	处 理 方 法
手柄转动后，内部触头未动	（1）手柄上的轴孔磨损变形； （2）绝缘杆变形（由方轴磨为圆形）； （3）手柄与方轴，或轴与绝缘杆配合松动； （4）操作机构损坏	（1）调换手柄； （2）更换绝缘杆； （3）紧固松动部件； （4）修理更换

续表6-5

故障现象	原　因	处 理 方 法
手柄转动后，动静触头不能按要求动作	（1）组合开关型号选用不正确； （2）触头角度装配不正确； （3）触头失去弹性或接触不良	（1）更换开关； （2）重新装配； （3）更换触头或清除氧化层或尘污
接线柱间短路	因铁屑或油污附着接线柱，形成导电层，将胶木烧焦，绝缘损坏而形成短路	更换开关

B　按钮的拆装及检修

（1）按钮的拆装：

1）了解和观察按钮的内部结构。

2）拆卸待修器件。

3）清洁触头表面污物或氧化物。

4）更换已损坏的零部件。

5）重新装配已修整好的器件，并用仪表检测器件。

（2）按钮的常见故障及处理方法见表6-6。

表6-6　按钮的常见故障及处理方法

故障现象	原　因	处 理 方 法
触头接触不良	（1）触头烧损； （2）触头表面有尘垢或氧化物； （3）触头弹簧失效	（1）修整触头； （2）清洁触头表面； （3）重绕弹簧或更换产品
触头间短路	（1）塑料受热变形，导致接线螺钉间短路； （2）杂物或油污在触头间形成通路	（1）更换产品，并查明发热原因，如灯泡发热所致，可降低电压； （2）清洁按钮内部

C　行程开关的拆装

（1）了解和观察行程开关的故障现象或不正常现象。

（2）按照行程开关结构图示进行内部构造观察。

（3）更换或修复已损坏的零部件。

（4）重新装配已修整好的器件，并用仪表检测器件。

D　接触器的拆装及检修

（1）接触器的拆装：

1）旋下灭弧罩固定螺钉，卸下灭弧罩。

2）拆下3组桥形主触头，将桥形主触头的弹簧夹拎起，再将压力弹簧片推出主触头横向旋转后取出，最后取出两组辅助常开和常闭的桥形动触头。

3）将接触器底部朝上，按住底板，旋出接触器底板上的固定螺钉，取出弹起的盖板。

4）取下静铁芯及其缓冲垫，取出静铁芯支架、线包及铁芯间的缓冲弹簧。

5）小心将线圈的两个引线端接线卡从卡槽中取出，再拿出线圈。

6）取出动铁芯、反作用力弹簧，取出与动铁芯相连的动触头结构支架中的各个触头压力弹簧及其垫片，旋下外壳上静触头固定螺钉并取下静铁芯。

（2）接触器的故障维修：

1）旋下灭弧罩固定螺钉，卸下灭弧罩。

2）拆下3组桥形主触头，将桥形主触头的弹簧夹拎起，再将压力弹簧片推出主触头横向旋转后取出，最后取出两组辅助常开和常闭的桥形动触头。

3）将接触器底部朝上，按住底板，旋出接触器底板上的固定螺钉，取出弹起的盖板。

4）取下静铁芯及其缓冲垫，取出静铁芯支架和线包、铁芯间的缓冲弹簧。

5）小心将线圈的两个引线端接线卡从卡槽中取出，再拿出线圈。

6）取出动铁芯、反作用力弹簧，取出与动铁芯相连的动触头结构支架中的各个触头压力弹簧及其垫片，旋下外壳上静触头固定螺钉并取下静铁芯。

接触器常见故障及处理方法见表6-7。

表6-7　接触器常见故障及处理方法

故障现象	原　因	处 理 方 法
接触器不吸合或吸不牢	（1）电源电压过低； （2）线圈短路； （3）线圈技术参数与使用条件不符； （4）铁芯机械卡阻	（1）调高电源电压； （2）调换线圈； （3）调换线圈； （4）排除卡阻物
线圈断电，接触器不释放或释放缓慢	（1）触头熔焊； （2）铁芯表面有油垢； （3）触头弹簧压力过小或反作用弹簧损坏； （4）机械卡阻	（1）排除熔焊故障； （2）清理铁芯表面油垢； （3）调整触头压力或更换反作用力弹簧； （4）排除卡阻物
触头熔焊	（1）操作频率过高或负载作用； （2）负载侧短路； （3）触头弹簧压力过小； （4）触头表面有电弧灼伤； （5）机械卡阻	（1）调换合适的接触器或减小负载； （2）排除短路故障，更换触头； （3）调整触头弹簧压力； （4）清理触头表面； （5）排除卡阻物
铁芯噪声过大	（1）电源电压过低； （2）短路环断裂； （3）铁芯机械卡阻； （4）铁芯极面有油污或磨损不平； （5）触头弹簧压力过大	（1）检查线路并提高电源电压； （2）调换铁芯或短路环； （3）排除卡阻物； （4）用汽油清洗极面或调换铁芯； （5）调整触头弹簧压力
线圈过热或烧毁	（1）线圈匝间短路； （2）操作频率过高； （3）线圈参数与实际使用不符； （4）铁芯机械卡阻	（1）更换线圈并找出故障原因； （2）调换合适的接触器； （3）调换线圈或接触器； （4）排除卡阻物

E　时间继电器的拆装及检修

a　时间继电器的选择与常见故障的修理方法

时间继电器形式多样，各具特点，选择时应从以下几方面考虑：

（1）根据控制电路对延时触点的要求选择延时方式，即通电延时型或断电延时型。

（2）根据延时范围和精度要求选择继电器类型。

（3）根据使用场合、工作环境选择时间继电器的类型。如电源电压波动大的场合可选空气阻尼式或电动式时间继电器，电源频率不稳定的场合不宜选用电动式时间继电器；环境温度变化大的场合不宜选用空气阻尼式和电子式时间继电器。

空气阻尼式时间继电器常见故障及其处理方法见表 6-8。

表 6-8　空气阻尼式时间继电器常见故障及其处理方法

故障现象	产 生 原 因	处 理 方 法
延时触点不动作	（1）电磁铁线圈断线； （2）电源电压低于线圈额定电压很多； （3）电动式时间继电器的同步电动机线圈断线； （4）电动式时间继电器的棘爪无弹性，不能刹住棘齿； （5）电动式时间继电器游丝断裂	（1）更换线圈； （2）更换线圈或调高电源电压； （3）调换同步电动机； （4）调换棘爪； （5）调换游丝
延时时间缩短	（1）空气阻尼式时间继电器的气室装配不严，漏气； （2）空气阻尼式时间继电器的气室内橡皮薄膜损坏	（1）修理或调换气室； （2）调换橡皮薄膜
延时时间变长	（1）空气阻尼式时间继电器的气室内有灰尘，使气道阻塞； （2）电动式时间继电器的传动机构缺润滑油	（1）清除气室内灰尘，使气道畅通； （2）加入适量的润滑油

b　时间继电器的拆卸

电磁系统拆卸步骤：

（1）拆下电磁系统的整体支架。

（2）取下两个反力弹簧。

（3）摘下固定线圈的弹性钢丝卡的挂钩。

（4）从整体支架中取出线圈、衔铁、铁芯和弹簧片。

（5）取出连接衔铁、弹簧片、推板的固定销钉。

（6）将衔铁、铁芯和弹簧片分解，并取出线圈（注意：在分解衔铁、铁芯和弹簧片时，推板与线圈框架之间有一个利于推板移动的弹子，千万不要丢失）。

气室的拆卸步骤：

（1）拆下气室外部固定螺钉，将进气调节部分与气室内橡皮薄膜和活塞及推杆分离。

（2）顺时针旋转活塞，使其从活塞推杆旋下。这样橡皮薄膜从活塞与推杆之中分离。

（3）逆时针旋转推杆帽，使其从活塞推杆旋下。

（4）取下宝塔弹簧。

F　熔断器的故障处理

熔断器的故障处理及方法见表 6-9。

表 6-9　熔断器常见故障及处理方法

故障现象	故　障　原　因	处　理　方　法
电路接通瞬间熔体熔断	（1）熔体电流等级选择过小； （2）负载侧短路或接地； （3）熔体安装时受机械损伤	（1）更换熔体； （2）排除负载故障； （3）更换熔体
熔体未见熔断，但电路不通	熔体或接线座接触不良	重新连接

　　G　低压断路器的故障处理

　　低压断路器的故障处理及方法见表 6-10。

表 6-10　低压断路器常见故障及处理方法

故障现象	故　障　原　因	处　理　方　法
不能合闸	（1）欠压脱扣器无电压或线圈损坏； （2）储能弹簧变形； （3）反作用弹簧力过大； （4）机构不能复位	（1）检查施加电压或更换线圈； （2）更换储能弹簧； （3）重新调整； （4）调整再扣接触面至规定值
电流达到整定值，断路器不动作	（1）热脱扣器双金属片损坏； （2）电磁脱扣器的衔铁与铁芯距离太大或电磁线圈损坏； （3）主触头熔焊	（1）更换双金属片； （2）调整衔铁与铁芯距离或更换断路器； （3）检查原因并更换主触头
启动电动机时断路器立即分断	（1）电磁脱扣器瞬动整定值过小； （2）电磁脱扣器某些零件损坏	（1）调高整定值至规定值； （2）更换脱扣器
断路器闭合后经过一定时间后自行分断	热脱扣器整定值过小	调高整定值至规定值
断路器温升过高	（1）触头压力过小； （2）触头表面过分磨损或接触不良； （3）两个导电零件连接螺钉松动	（1）调整触头压力或更换弹簧； （2）更换触头或修整接触面； （3）重新拧紧

　　H　热继电器的故障处理

　　热继电器的故障处理及方法见表 6-11。

表 6-11　热继电器常见故障及处理方法

故障现象	故　障　原　因	处　理　方　法
热元件烧断	（1）负载侧短路，电流过大； （2）操作频率过高	（1）排除线路故障，更换热继电器； （2）更换合适参数的热继电器

故障现象	故障原因	处理方法
热继电器不动作	（1）热继电器的额定电流值选用不合适； （2）整定值偏高； （3）动作触头接触不良； （4）热元件烧断或脱落； （5）动作机构卡阻； （6）导板脱落	（1）按保护容量合理选用； （2）合理调整整定电流值； （3）消除触头接触不良因素； （4）更换热继电器； （5）消除卡阻因素； （6）重新放入并测试
热继电器动作不稳定，时快时慢	（1）热继电器内部机构某些部件松动； （2）在检修过程中双金属片弯折； （3）通电电流波动过大，或接线螺钉松动	（1）紧固内部部件； （2）用两倍电流预处理或将双金属片拆下来进行热处理（一般40℃）以去除内应力； （3）检查电源电压或拧紧接线螺钉
热继电器动作太快	（1）整定值偏高； （2）电动机启动时间过长； （3）连接导线太细； （4）操作频率过高； （5）使用场合有强烈冲击或振动； （6）可逆转换频繁； （7）安装热继电器处和电动机所处环境温差太大	（1）合理调整整定值； （2）按启动时间要求，选择具有合适的可返回时间的热继电器或启动过程中将热继电器短接； （3）选用标准导线； （4）更换合适的型号； （5）选用带防振冲击的热继电器或采用相关防振动措施； （6）改用其他保护措施； （7）按两地温差情况配置适当的热继电器
主电路不通	（1）热元件烧断； （2）接线螺钉松动或脱落	（1）更换热元件或热继电器； （2）紧固接线螺钉
控制电路不通	（1）触头烧坏或动触头片弹性消失； （2）可调整式旋钮转不到合适的位置； （3）热继电器动作后辅助常闭点未复位	（1）更换触头或簧片； （2）调整旋钮或螺钉； （3）按复位按钮

6.5.3.4 注意事项

（1）同一机床运动部件有几种不同的工作状态时（如上、下、前、后、松、紧等），应使每一对相反状态的按钮安装在一组。

（2）按钮的安装应牢固，安装按钮的金属板或金属按钮盒必须可靠接地。

（3）由于按钮的触头间距较小，如有油污等极易发生短路故障，所以应注意保持触头的清洁。

（4）接触器安装前应先检查接触器的线圈电压，是否符合实际使用要求，然后将铁芯极面上的防锈油擦净，以免油垢黏滞造成接触器线圈断电、铁芯不释放，并用手分合接触器的活动部分，检查各触头接触是否良好，有否卡阻现象。灭弧罩应完整无损，固定牢固。

（5）接触器安装时，其底面与地面的倾斜度应小于45°，安装CJO系列接触器时，应使有孔两面放在上下方向，以利于散热。

（6）根据控制电路对延时触点的要求选择延时方式，即通电延时型或断电延时型。

（7）根据延时范围和精度要求选择继电器类型。

（8）低压断路器应垂直于配电板安装，电源引线接在上接线端，负载引线接到断路器下接线端。

（9）使用过程中如遇分断短路电流后，应及时检查触头系统，若发现电灼烧痕迹，应及时修理或更换。

（10）热继电器在使用过程中应注意其整定电流值的调整。

6.5.4　技能训练：三相交流异步电动机基本测试

6.5.4.1　实训目的

（1）认知常用交流电机的结构。
（2）学习交流电机的一般测量方法。
（3）会交流电机的基本测试。

6.5.4.2　实训器材

笼型异步电动机、螺丝刀、尖嘴钳、万用表、兆欧表、干电池。

6.5.4.3　实训内容及要求

A　用万用表检查绕组首尾端

（1）方法一步骤：

1）先用摇表或万用表电阻挡分别找出三相定子绕组。

2）给各相绕组假设编号为 U1、U2，V1、V2，W1、W2。

3）按图 6-37 所示方法接线。

用手转动电动机转子，如万用表（微安挡）指针不动，则证明假设的编号是正确的，若指针有偏转，说明其中有一相首末假设编号不对，应逐相对调重测直至正确为止。

（2）方法二步骤：

1）先分清三相绕组各相的两个线头，并进行假设编号。

2）按图 6-38 所示方法接线。

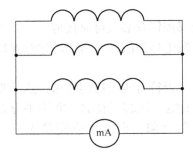

图 6-37　电磁感应法

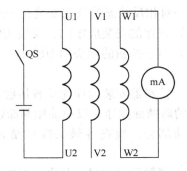

图 6-38　干电池法

3）注视万用表指针摆动的方向，合上开关瞬间，若指针摆向大于零的一边，则接电池正极的线头与万用表正极可接的线头同为首端或末端。

4）再将电池和开关接另一相两个线头进行测试，即可正确判断各相的首末端。

B　交流电机绝缘测试

（1）选择适当的摇表（兆欧表）。

（2）对摇表进行开路和短路测试，即开路测试时应趋于无穷，短路测试时应趋于零。

（3）相间绝缘测试：用万用表判别出同一绕组，然后将摇表的两个接线柱分别接在任意两绕组上，以120r/min的转速进行测试，如其值大于0.5MΩ，则绝缘良好，以此类推分别判断出其余两相，将值填入表6-12。

（4）对地绝缘测试：将摇表接地端的接线柱接在电机的接地螺丝上，线路端接在任意相线上，方法如上进行测试，将值填入表6-13。

表6-12　相间绝缘测量结果

U→V	V→W	W→U

表6-13　对地绝缘测量结果

U→地	V→地	W→地

复习思考题

6-1　什么是低压电器？

6-2　电磁式低压电器由哪几部分组成？说明各部分的作用？

6-3　中间继电器和接触器有何异同？

6-4　交流接触器铁芯上短路环的作用是什么？

6-5　电动机电气控制线路中，热继电器与熔断器各起什么作用？

6-6　什么是时间继电器，有何用途？

6-7　控制按钮在电路中起什么作用？

6-8　电压继电器和电流继电器在电路中各起什么作用？它们的线圈和触点各接于什么电路中？

学习情境 7　三相异步电动机全压启动控制线路安装调试

【项目教学目标】

(1) 知道全压启动控制的原理方法。
(2) 掌握全压启动控制的分析方法。
(3) 会全压启动控制线路的安装调试。
(4) 能根据控制要求设计调试系统。

任务 7.1　三相异步电动机全压启动控制电路知识准备

【任务教学目标】

(1) 熟悉全压启动控制的方法。
(2) 会全压启动控制原理分析。

7.1.1　任务描述与分析

7.1.1.1　任务描述

三相异步电动机的启动方法有直接启动和降压启动两种。直接启动是指电动机直接在额定电压下进行启动。直接启动的线路具有结构简单，安装维护方便等优点。一般笼型感应电动机的最初启动电流为 $(4 \sim 7)I_N$，最初启动转矩为 $(1.5 \sim 2)T_N$，这样的启动性能是不理想的。过大的启动电流对电网电压的波动及电动机本身均会带来不利的影响。因此，直接启动一般只在小容量电动机中使用，一般电机 7.5kW 以下或用户由专用变压器供电时，电动机的容量小于变压器容量的 20% 的电动机可采用直接启动。若电动机的启动电流倍数 K_i、容量与电网容量满足经验公式 (7-1)，才可以直接启动。

$$K_i = \frac{I_{st}}{I_N} \leqslant \frac{3}{4} + \frac{P_s}{4 \times P_N} \tag{7-1}$$

式中，I_N 为电动机额定电流，A；I_{st} 为电动机启动电流，A；P_s 为电源容量，kW；P_N 为电动机额定功率，kW。

7.1.1.2　任务分析

本任务介绍了常用的直接启动控制电路，手动直接启动控制和自动直接启动控制电路的原理用途和特点。

7.1.2　相关知识

7.1.2.1　手动控制直接启动

手动控制是指用手动电器进行电动机直接启动操作。可以使用的手动电器有刀开关、断路器、转换开关和组合开关等。图 7-1 所示为几种电动机直接启动的手动控制电路。

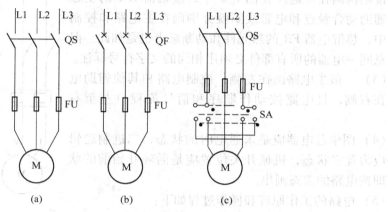

图 7-1　电动机直接启动手动控制电路
(a) 胶壳刀开关；(b) 断路器控制电路；(c) 倒顺开关

图 7-1 (a) 所示为胶壳刀开关控制。当采用胶壳刀开关控制时，电动机的功率最大不要超过 5.5kW；若采用铁壳开关控制，由于铁壳开关电流容量大，动作迅速以及触点装有灭弧机构等特点，因此可控制 28kW 以下电动机的直接启动。用刀开关控制电动机时，无法利用双金属片式热继电器进行过载保护，只能利用熔断器进行短路和过载保护，同时电路也无失压和欠压保护，这一点使用时要注意。图 7-1 (b) 所示为断路器控制电路，断路器除手动操作功能外，还具有自动跳闸保护功能图中断路器带过电流脱扣和热脱扣，用于电路进行短路和过载保护。图 7-1 (c) 所示为组合开关 (倒顺开关) 控制电动机正、反转电路。倒顺开关是一种专门用于电动机正、反转操作的手动电器，由于其触点无灭弧机构，因此，电动机功率最大不要超过 5.5kW。正、反换向操作时速度不要太快，以免引起过大的反接制动电流冲击而影响使用寿命。手动电器直接控制电动机启动时，操作人员通过手动电器直接对主电路进行接通和断开操作，安全性能和保护性能较差，操作频率也受到限制，因此，当电动机容量较大 (一般超过 10kW) 和操作频繁时就应该考虑采用接触器控制。

7.1.2.2　接触器控制的直接启动电路

接触器具有电流通断能力大、操作频率高以及可实现远距离控制等特点。在自动控制系统中，它主要承担接通和断开主电路的任务。

A　电动机单向直接启动控制电路

图 7-2 所示为接触器控制三相异步电动机单向启动的电路原理图，该电路原理图的操作过程和工作原理简单分析如下：

(1) 电路原理图分为主电路、控制电路和辅助电路。如在图 7-2 中，主电路为从三相电源经断路器 QF、接触器 KM 的主触点、热继电器 FR 的发热元件到三相异步电动机的电路；控制电路则为接触器 KM 电磁线圈的回路；辅助电路包括信号指示、检测等电路。

（2）在电气原理图中，电器的元（部）件按功能而不是按结构画在一起。在图 7-2 中，接触器 KM 的主触点、辅助动合触点和电磁线圈就分别画在主电路和控制电路中，热继电器 FR 的热元件和动断触点也是如此。但应注意同一电器的所有部件必须用相同的文字符号标注。

（3）一般主电路画在左侧；控制电路和其他辅助电路画在右侧，且电路按动作顺序和信号流程自左至右排列。

（4）图中各电器应是未通电时的状态，二进制逻辑元件应为置零状态，机械开关位置应是循环开始前的状态，即按电路的常态画出。

（5）电路的工作原理和操作过程如下：

1）按下启动按钮 SB2→接触器 KM 因电磁线圈通电

吸合——┌─KM 主触点闭合——电动机 M 启动
　　　　└─KM 辅助动合触点闭合——进行自锁

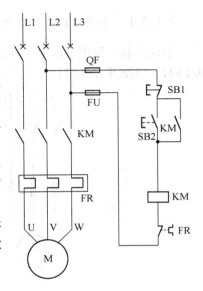

图 7-2　单向启动电路原理

在电路中，接触器 KM 的辅助动合触点与启动按钮 SB2 并联。松开 SB2 后，接触器 KM 的线圈仍能依靠其辅助动合触点保持通电，使电动机能连续运行，这一作用称为自锁（或称为自保），KM 的辅助动合触点也称为自锁触点。显然，如果没有接自锁触点，按下按钮 SB2 时电动机运行，一旦松手电动机即停转，这称为点动控制。

2）按下停机按钮 SB1→KM 因线圈断电而释放——┌─KM 主触点断开——电动机 M 停转
　　　　　　　　　　　　　　　　　　　　　　　　　　　└─KM 辅助动合触点断开——解除自锁

（6）电路的保护功能。图 7-2 所示电路对电动机有四种保护功能：

1）短路保护。由熔断器 QF 、FU 分别对主电路和控制电路实行短路保护。

2）过载保护。过载保护由热继电器 FR 实现。FR 的发热元件串联在电动机的主电路中，当电动机过载电流达一定程度时，FR 的动断触点断开，KM 因线圈断电而释放，从而切断电动机三相交流电路。

3）失压保护。图 7-2 所示电路每次都必须按下启动按钮 SB2 电动机才能通电启动运行，这就保证了在突然停电而又恢复供电时，不会因电动机自行启动而造成设备和人身事故。通常把这种在突然停电时能够自动切断电动机电源的保护称为失压（或零压）保护。

4）欠压保护。如果电源电压过低（如降至额定电压的 85% 以下），则接触器电磁线圈产生的电磁吸力不足，接触器会在复位弹簧的作用下释放，从而切断电动机电源。所以采用接触器控制电路对电动机有欠压保护的作用。

B　电动机正、反向直接启动控制电路

许多机械设备要求实现正、反两个方向的运动，如机床主轴的正转与反转、工作台的前进与后退、提升机构的上升与下降、机械装置的夹紧与放松等，因此都要求拖动电动机能够正转与反转。所以经常用到电动机的正、反转控制电路。图 7-3 所示为接触器控制电动机正、反向运行的控制电路。

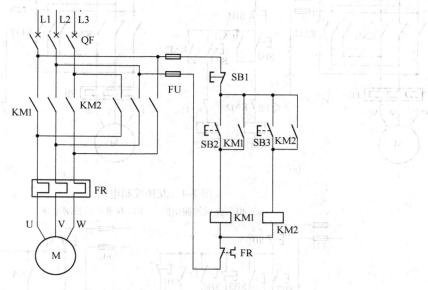

图 7-3　接触器控制电动机正反转控制电路

图中无任何联锁，电动机在进行正、反向换接时必须先停电动机后才允许反方向接通。若两个接触器 KM1、KM2 同时通电，则会造成相间短路事故。图 7-3 所示的接触器控制电动机正、反向运行控制电路工作时可靠性很差，一旦出现误操作（例如，同时按下 SB2 和 SB3 或电动机换向时不经停车按钮 SB1 而直接进行换向操作）就会发生相间短路，因此该电路不能应用于实际控制。要避免出现两相电源短路，必须使 KM1 和 KM2 两个接触器在任何时候只能接通其中一个，因此在接通其中一个之后就要设法保证另一个不能接通。这种相互制约的控制称为互锁（或联锁）控制。常用的互锁控制电路有接触器互锁电路和按钮互锁电路。

图 7-4 所示控制电路在按钮互锁的基础上增加了接触器互锁（见图 7-4（a）），构成双重互锁控制电路（见图 7-4（b））。由于采用了接触器互锁，从而保证了两个接触器线圈不能同时通电，使电路的可靠性和安全性增加，同时又保留了正、反向直接操作的优点，因而使用广泛。图 7-4 所示电路在直接对电动机进行正、反向换接操作时，电动机有短时的反接制动过程，此时会有很大的制动电流出现，因此，正、反向换接操作不要过于频繁。这种控制电路不适合用来控制容量较大的电动机。这种电路在电动机的控制电路中有时还需要进行点动控制和两地控制。

（1）点动控制。图 7-5 所示为两个常用具有连动和点动控制功能的控制电路。点动控制功能是指按下按钮时电动机通电运行，松开按钮时电动机断电的操作功能。图 7-5（a）所示控制电路的复合按钮 SB3 和 SB5 分别为正、反转点动按钮，由于它们的动断触点分别与接触器自锁触点相串联，因此，操作点动按钮时接触器自锁触点不起作用，电路只有点动功能。该电路由于按钮数量较多，容易出现误操作。在实际的应用中，通常采用图 7-5

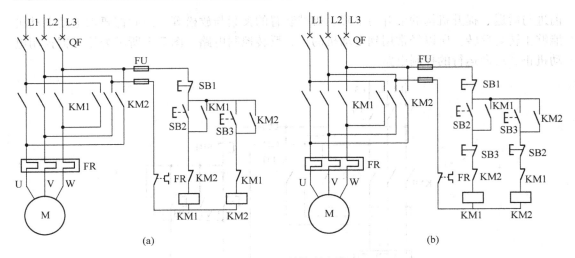

图 7-4　互锁控制电路

（a）电气互锁控制电路；（b）双重互锁控制电路

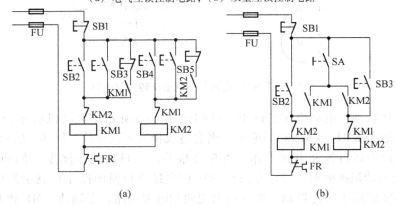

图 7-5　具有连动和点动控制功能的控制电路

（a）按钮操作的连动和点动控制；（b）转换开关选择连动和点动功能

（b）所示控制电路。图 7-5（b）中由转换开关来决定电路的连动和点动功能。当 SA 闭合时，电路中的接触器自锁触点起作用，电路具有连动功能；当 SA 断开时，电路中的接触器自锁触点被断开，电路的功能为点动。按钮 SB2 和 SB3 既是连动按钮又是点动按钮。

（2）两地控制。有些生产设备如 X62W 型万能铣床，为操作方便在机床的不同位置各安装了一套连动和停机按钮，称为两地控制。因此，两地控制是指操作人员在各不同的位置均可对电动机进行控制，需要两组控制按钮分别装在不同的地方，如图 7-6 所示。

　　C　自动往返控制电路

有些生产设备的驱动电动机一旦启动后要求能自动进行正、反转换接（例如，机械传动的自动往返工作台等）。实现电动机正、反转自动换接的方法很多，其中，用行程开关发出换接信号的控制电路最为常见。利用行程开关实现工作状态改变的控制称为按行程原则控制。图 7-7 所示为按行程原则设计的自动往返控制电路。

图 7-7 中 SQ3、SQ4 为超限位保护行程开关，用以防止因 SQ1 和 SQ2 失灵使工作台超出极限位置而发生事故。电路的工作原理可参考按钮与接触器双重互锁的控制电路。

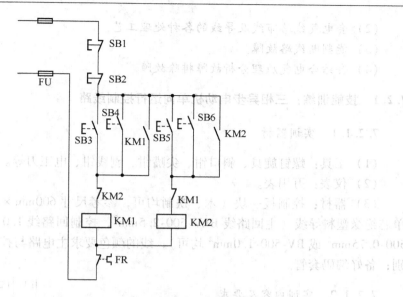

图 7-6   两地控制电路

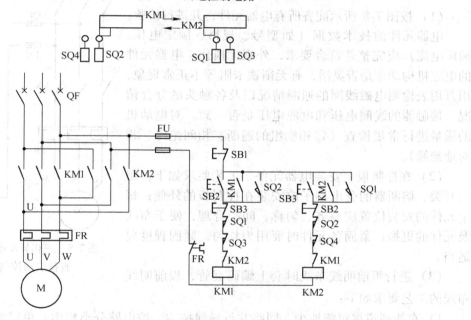

图 7-7   自动往返控制电路

任务 7.2   三相异步电动机全压启动控制电路技能训练

【任务教学目标】

（1）会线路安装。

（2）会电气线路布线及导线的各种处理工艺。

（3）能判断线路故障。

（4）会结合电气原理分析故障排除故障。

7.2.1　技能训练：三相异步电动机单向运行控制线路

7.2.1.1　实训器材

（1）工具：螺钉旋具、斜口钳、尖嘴钳、剥线钳、电工刀等。

（2）仪表：万用表。

（3）器材：控制板一块（木、铁制均可，参考尺寸 600mm × 500mm）；导线及规格：单芯绝缘塑料导线（主回路线 BLV-500-2.5mm^2，控制回路线 1.0 ~ 1.5mm^2，按钮线 RV-500-0.75mm^2 或 BV-500-1.0mm^2 均可），线的颜色要求主电路与控制电路必须有明显的区别；备好编码套管。

7.2.1.2　实训内容及要求

（1）按图 7-8 所示配齐所有电器元件，并进行检验。

电器元件的技术数据（如型号、规格、额定电压、额定电流）应完整并符合要求，外观无损伤。电器元件的电磁机构动作是否灵活，有无衔铁卡阻等不正常现象，用万用表检测电磁线圈的通断情况以及各触头的分合情况。接触器的线圈电压和电源电压是否一致。对电动机的质量进行常规检查（每相绕组的通断、相间绝缘、相对地绝缘）。

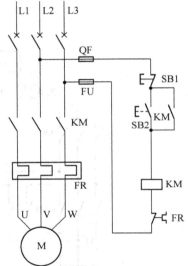

图 7-8　三相异步电动机单向
直接启动控制电路

（2）在控制板上安装电器元件，工艺要求如下：组合开关、熔断器的受电端子应安装在控制板的外侧；每个元件的安装位置应整齐、匀称，间距合理，便于布线及元件的更换；紧固各元件时要用力均匀，紧固程度要适当。

（3）进行板前明线布线时套上编码套管，板前明线布线的工艺要求如下：

1）布线通道尽可能地少，同路并行导线按主、控电路分类集中，单层密排，紧贴安装面布线。

2）同一平面的导线应高低一致或前后一致，不能交叉。非交叉不可时，应水平架空跨越，但必须走线合理。

3）布线应横平竖直，分布均匀。变换走向时应垂直。

4）布线时严禁损伤导线绝缘。

5）在每根剥去绝缘层导线的两端套上编码套管。所有从一个接线端子（或线桩）到另一个接线端子（或线桩）的导线必须连接，中间无接头。

6）导线与接线端子或接线桩连接时，不得压绝缘层、不能反圈接线、线头不得裸露过长。

7）一个电器元件接线端子上的连接导线不得多于两根。

（4）根据电气接线图检查控制板布线是否正确。

（5）安装电动机。

（6）连接电动机和按钮金属外壳的保护接地线（若按钮为塑料外壳，则按钮外壳不需接地线）。

（7）连接电源、电动机等控制板外部的导线。

（8）自检：

1）按电路原理图或电气接线图从电源端开始，逐段核对接线及接线端子处是否正确，有无漏接、错接之处。检查导线接点是否符合要求，压接是否牢固。接触应良好，以免带负载运行时产生闪弧现象。

2）用万用表检查线路的通断情况。检查时，应选用倍率适当的电阻挡，并进行校零，以防短路故障发生。对控制电路的检查（可断开主电路），可将表笔分别搭在 1、5 线端上，读数应为 "∞"。按下 SB 按钮时，读数应为接触器线圈的电阻值，然后断开控制电路再检查主电路有无开路或短路现象，此时可用手动来代替接触器通电进行检查。

3）用兆欧表检查线路的绝缘电阻应不小于 $0.5\text{M}\Omega$。

（9）通电试车，排查故障。

7.2.1.3　注意事项

（1）电动机及按钮的金属外壳必须可靠接地（若按钮为塑料外壳，则按钮外壳不需要接地线）。

（2）按钮内接线时，用力不可过猛，以防螺钉打滑。

（3）按钮内部的接线不要接错，启动按钮必须接常开按钮（可用万用表的欧姆挡判别）。

（4）触头接线必须可靠、正确，否则会造成主电路中两相电源短路事故。

（5）接触器的自锁触头应并接在启动按钮的两端，停止按钮应串接在控制电路中。

（6）热继电器的热元件应串接在主电路中，其常闭触头应串接在控制电路中，两者缺一不可，否则不能起到过载保护作用。

（7）继电器的整定电流应按电动机的额定电流自行整定。

（8）热继电器因电动机过载动作后，若再次启动电动机，必须等热元件冷却后，才能使热元件复位（自动复位时应在动作后 5min 内自动复位；手动复位时，在动作 2min 后按下手动复位按钮，热继电器应复位）。

（9）编码套管套装要正确。

7.2.2　技能训练：三相异步电动机正反转运行控制线路

7.2.2.1　实训器材

（1）工具：测电笔、螺钉旋具、斜口钳、尖嘴钳、剥线钳、电工刀等。

（2）仪表：兆欧表、万用表。

（3）器材：控制板一块（木、铁制均可，参考尺寸 600mm × 500mm）；导线及规格：单芯绝缘塑料导线（主回路线 BLV -500-2.5mm²，控制回路线 1.0 ~ 1.5mm²，按钮线 RV-500-0.75mm² 或 BV -500-1.0mm² 均可）。线的颜色要求主电路与控制电路必须有明显的区别；备好编码套管。

7.2.2.2　实训内容及要求

（1）按图 7-9 所示配齐所有电器元件，并进行检验电器元件的技术数据（如型号、规格、额定电压、额定电流）应完整并符合要求，外观无损伤。电器元件的电磁机构动作是否灵活，有无衔铁卡阻等不正常现象，用万用表检测电磁线圈的通断情况以及各触头的分合情况。接触器的线圈电压和电源电压是否一致。对电动机的质量进行常规检查（每相绕组的通断、相间绝缘、相对地绝缘）。

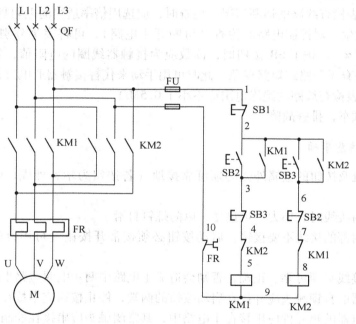

图 7-9　三相异步电动机双重联锁控制电路

（2）在控制板上安装电器元件，工艺要求如下：

1）组合开关、熔断器的受电端子应安装在控制板的外侧。

2）每个元件的安装位置应整齐、匀称，间距合理，便于布线及元件的更换。

3）紧固各元件时要用力均匀，紧固程度要适当。

（3）进行板前明线布线时套上编码套管，板前明线布线的工艺要求如下：

1）布线通道尽可能地少，同路并行导线按主、控电路分类集中，单层密排，紧贴安装面布线。

2）同一平面的导线应高低一致或前后一致，不能交叉。非交叉不可时，应水平架空跨越，但必须走线合理。

3）布线应横平竖直，分布均匀。变换走向时应垂直。

4）布线时严禁损伤导线绝缘。

5）在每根剥去绝缘层导线的两端套上编码套管。所有从一个接线端子（或线桩）到另一个接线端子（或线桩）的导线必须连接，中间无接头。

6）导线与接线端子或接线桩连接时，不得压绝缘层、不要反圈接线、线头不得裸露过长。

7）一个电器元件接线端子上的连接导线不得多于两根。

（4）根据电气接线图检查控制板布线是否正确。

（5）安装电动机。

（6）连接电动机和按钮金属外壳的保护接地线（若按钮为塑料外壳，则按钮外壳不需接地线）。

（7）连接电源、电动机等控制板外部的导线。

（8）检查线路确保接线正确。

（9）通电试车，排查故障。

7.2.2.3　注意事项

（1）电动机及按钮的金属外壳必须可靠接地（若按钮为塑料外壳，则按钮外壳不需要接地线）。

（2）按钮内接线时，用力不可过猛，以防螺钉打滑。

（3）按钮内部的接线不要接错，启动按钮必须接常开按钮（可用万用表的欧姆挡判别）。

（4）触头接线必须可靠、正确，否则会造成主电路中两相电源短路事故。

（5）接触器的自锁触头应并接在启动按钮的两端，停止按钮应串接在控制电路中。

（6）热继电器的热元件应串接在主电路中，其常闭触头应串接在控制电路中，两者缺一不可，否则不能起到过载保护作用。

（7）继电器的整定电流应按电动机的额定电流自行整定。

（8）热继电器因电动机过载，其辅助常闭触头断开后，必须等热元件冷却后，才能使热元件复位（自动复位时应在动作后 5min 内自动复位；手动复位时，在动作 2min 后按下手动复位按钮，热继电器应复位）。

复习思考题

7-1　"点动"与"自锁"在电路结构上有何区别？

7-2　"自锁"与"互锁"有什么区别？分别画出具有自锁控制的电路和互锁控制的电路。

学习情境 8　三相异步电动机降压启动控制电路安装与调试

【项目教学目标】

（1）知道降压启动的方法。

（2）能掌握降压启动电路的基本环节，并能分析工作原理。

（3）能判断、分析、处理常见电气故障。

（4）能根据控制工艺进行电路设计。

任务 8.1　三相异步电动机降压启动控制电路知识准备

【任务教学目标】

（1）熟悉控制电路的基本环节。

（2）能分析控制电路工作原理。

8.1.1　任务描述与分析

8.1.1.1　任务描述

三相笼型异步电动机容量在 10kW 以上或不能满足式（7-1）条件时，应采用减压启动。有时为了减小和限制启动时对机械设备的冲击，即使允许直接启动的电动机，也往往采用降压启动。降压启动的目的是减小启动电流，但启动转矩也将降低，因此，降压启动仅适用于空载或轻载下的启动。

8.1.1.2　任务分析

三相笼型异步电动机降压启动的方法有：定子绕组电路串电阻或电抗器；丫-△降压启动；延边三角形和自耦变压器启动等，本书重点介绍前两种降压启动方法。

8.1.2　相关知识

8.1.2.1　定子电路串电阻降压启动

定子电路串电阻降压启动是在电动机启动时，在三相定子绕组中串接电阻分压，使定子绕组上的压降降低，启动后再将电阻短接，电动机即可在全压下正常运行。这种启动方式由于不受电动机接线形式的限制，设备简单，因而在中小型生产机械中应用广泛。

　　如图 8-1（a）所示，启动时，合上电源开关 QS，按下启动按钮 SB2，接触器 KM2 线圈得电，KM2 辅助常开触点闭合，实现自锁，主电路中的 KM2 主触点闭合，三相笼型异步电动机定子回路串电阻 R 降压启动；同时时间继电器 KT 线圈得电，到达规定的时间设定后，其延时动合触头闭合，接触器 KM1 线圈得电，主电路中的接触器 KM1 主触点闭合短接电阻，三相笼型异步电动机全压运行。

　　在图 8-1（a）线路中，电动机全压运行后，接触器 KM2 和时间继电器 KT 的线圈仍一直通电，需要改进。图 8-1（b）线路中，接触器 KM1 和中间继电器 K 得电后，利用 K 的常闭触点将 KM2 和 KT 的线圈电路断电，同时 KM1 自锁。值得一提的是，在继电-接触器电路中要注意触点的先后动作顺序，即常闭触点先断开，常开触点才闭合，否则会出现电路竞争的现象，所以在图 8-1（b）中不能用 KM1 的常闭触点替代 K 的常闭触点。

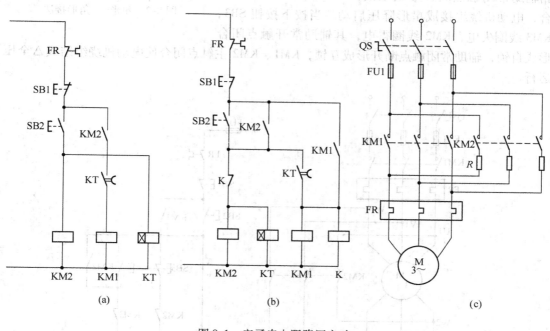

图 8-1　定子串电阻降压启动

8.1.2.2　星（Y）-三角（△）降压启动

　　凡是正常运行时定子绕组连接成三角形、额定电压为 380V 的电动机均可采用Y-△降压启动。也就是说Y-△启动只适用于△接法时运行于 380V 的电动机，且电动机引出线端头必须是六根，以便于Y-△启动控制。

　　一般 4kW 以上的笼型异步电动机采用这种方法启动。

　　Y-△启动时，电动机绕组先接成Y形，待转速增加到一定程度时，再将线路切换成△形连接。这样使电动机每相绕组承受的电压在启动时为额定电压的 1/3，其电流为直接启动时的 1/3，由于启动电流减小，启动转矩也同时减小到直接启动的 1/3，所以这种方法一般只适用于空载或轻载启动的场合。

图 8-2 是星形-三角形降压启动控制主电路接线图。接触器 KM3 和接触器 KM2 不允时得电动作，当 KM3 主触点闭合时，相当于把 U2、V2、W2 连在一起，为星形接法；当 KM2 主触点闭合时，相当于 U1 和 W2、V1 和 U2、W1 和 V2 连在一起，三相绕组首尾相连，为三角形接法。

A　按钮切换的丫-△降压启动控制线路

图 8-3 为按钮切换的丫-△降压启动控制图，工作原理如下：合上电源开关 QS，按下启动按钮 SB2，KM1、KM3 线圈得电，KM1 常开辅助触点闭合自锁，KM3 线路辅助常闭触点断开形成互锁，KM1、KM3 主触点闭合，电动机绕组接成星形降压启动。当按下按钮 SB3，KM3 线圈失电，KM2 线圈得电，其辅助常开触点闭合

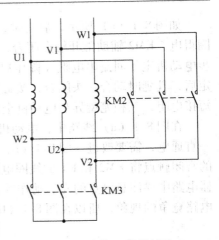

图 8-2　星形-三角形接法

形成自锁，辅助常闭触点断开形成互锁，KM1、KM2 主触点闭合使电动机绕组结成△全压运行。

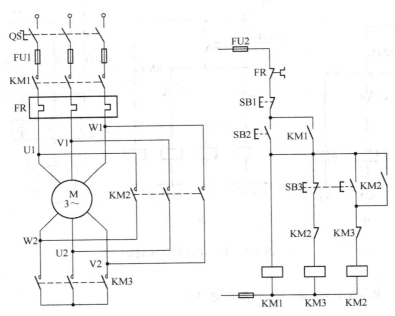

图 8-3　按钮切换丫-△降压启动控制线路

B　时间继电器控制的自动切换丫-△降压启动控制线路

图 8-4 为时间继电器控制的切换丫-△降压启动控制线路，工作原理如下：合上电源开关 QS，按下启动按钮 SB2，KT、KM3 线圈得电，KM3 辅助常开触点闭合使 KM1 线圈得电，KM1 辅助常开触点闭合自锁，KM1、KM3 主触点闭合，电动机绕组接成星形降压启动。当 KT 延时时间到后，其延时常闭点断开，KM3 线圈失电，因而其常闭点复位使 KM2 线圈得电，电动机绕组结成△全压运行。

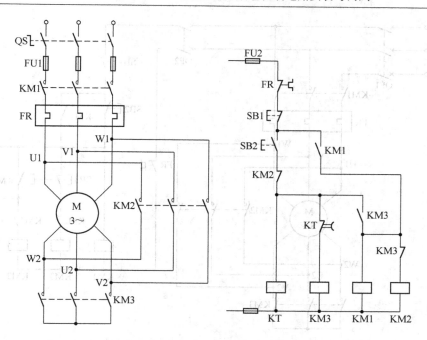

图 8-4　时间继电器控制的自动切换丫-△降压启动控制线路

任务8.2　三相异步电动机降压启动控制电路技能训练

【任务教学目标】

（1）会线路安装。

（2）能判断线路故障。

（3）会结合电气原理分析故障。

8.2.1　技能训练：手动丫-△降压启动控制线路安装、调试

8.2.1.1　实训器材

笼型异步电动机、空气开关、交流接触器、热继电器、按钮、网孔实验板、接线端子、导线若干、万用表、校线灯、电工工具一套。

8.2.1.2　实训内容及要求

（1）电器元件的测试。要求对所用元件逐一进行测试。

（2）手动丫-△降压启动控制线路的连接。按图8-5进行连接，要求接线正确，线路工艺好，线路间不能进行导线连接、不允许接点处导线裸露过长、压点必须牢固。

（3）线路检查。要求按电气原理图对每条支路进行不带电检测。

（4）连接电源、电动机等外部导线。

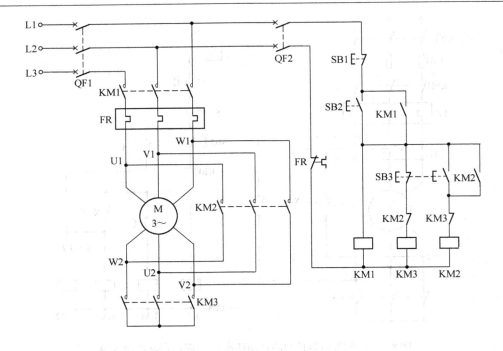

图 8-5　手动丫-△降压启动控制线路

（5）通电试车，排查故障。要求通电试车时，老师必须在场，其余同学不允许围观起哄。试车不成功，进行故障排查时，应将电源线拆除才能进行故障检查。

（6）反复练习，提高接线的速度和质量，提高故障排查的准确性。

8.2.1.3　注意事项

（1）所有器件的接线处，不可用力过猛，以防螺钉滑扣，尤其是按钮。

（2）分清按钮的常开常闭触点位置，不要错接。可用校线灯或万用表欧姆挡判别。

（3）丫-△减压启动的电动机，有 6 个出线端，即接线时要引六根线上端子排。

（4）接线时要保证电动机三角形接法的正确性，即接触器 KM2 主触点闭合时，应保证定子绕组的 U1-W2、V1-U2、W1-V2 相连接。

（5）接触器 KM3 主触点接线时应注意一端应短接，否则电机不能接成星形降压启动。

（6）号码管的套装应与原理图上的标号一致。

8.2.2　技能训练：自动丫-△减压启动控制线路安装、调试

8.2.2.1　实训器材

笼型异步电动机、空气开关、交流接触器、时间继电器、热继电器、按钮、网孔实验板、接线端子、导线若干、万用表、校线灯、电工工具一套。

8.2.2.2　实训内容及要求

（1）电器元件的测试。要求对所用元件逐一进行测试。

（2）时间继电器控制的丫-△降压启动控制线路的连接。按图8-6进行连接，要求接线正确，线路工艺好，线路间不能进行导线连接、不允许接点处导线裸露过长、压点必须牢固。

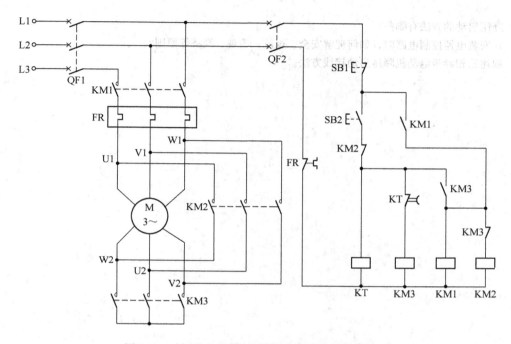

图8-6　时间继电器控制的丫-△降压启动控制线路

（3）线路检查。要求按电气原理图对每条支路进行不带电检测。

（4）连接电源、电动机等外部导线。

（5）通电试车，排查故障。要求通电试车时，老师必须在场，其余同学不允许围观起哄。试车不成功，进行故障排查时，应将电源线拆除才能进行故障检查。

（6）反复练习，提高接线的速度和质量，提高故障排查的准确性。

8.2.2.3　注意事项

（1）所有器件的接线处，不可用力过猛，以防螺钉滑扣，尤其是按钮。

（2）分清按钮的常开常闭触点位置，不要错接。可用校线灯或万用表欧姆挡判别。

（3）时间继电器的使用注意分清通电延时和断电延时时间继电器，注意延时触点和瞬动触点不要混淆。

（4）丫-△减压启动的电动机，有6个出线端，即接线时要引六根线上端子排。

（5）接线时要保证电动机三角形接法的正确性，即接触器 KM2 主触点闭合时，应保证定子绕组的 U1-W2、V1-U2、W1-V2 相连接。

（6）接触器 KM3 主触点接线时应注意一端应短接，否则电机不能接成星形降压启动。

（7）号码管的套装应与原理图上的标号一致。

复习思考题

8-1 降压启动的方法有哪些?

8-2 在安装电器控制电路时，如何理解安全、规范、美观、经济等原则?

8-3 叙述三相异步电动机降压启动接线方法。

学习情境 9　三相异步电动机制动控制电路安装与调试

【项目教学目标】

（1）知道制动控制原理。
（2）能掌握控制线路的基本环节，并能分析工作原理。
（3）能判断、分析、处理常见电气故障。
（4）能根据控制工艺进行电路设计。

任务 9.1　三相异步电动机制动控制电路知识准备

【任务教学目标】

（1）熟悉控制电路的基本环节。
（2）能分析控制电路工作原理。

9.1.1　任务描述与分析

9.1.1.1　任务描述

任何电动机在切除电源后依靠惯性或势能都还要转动一段时间（或距离）后才能停止运行。而在生产实际中往往需要准确定位，因此就需要对拖动的电动机进行制动，使其快速停转。

9.1.1.2　任务分析

本任务介绍了制动的方法和种类，并要掌握制动控制方法的选用、接线及故障判断、维修。

9.1.2　相关知识

三相异步电动机切除电源后依靠惯性还要转动一段时间（或距离）才能停下来，而生产中起重机的吊钩或卷扬机的吊篮要求准确定位；万能铣床的主轴要求能迅速停下来；升降机在突然停电后需要安全保护和准确定位控制等，这些都需要对拖动的电动机进行制动。制动就是给电动机一个与转动方向相反的转矩使它迅速停转（或限制其转速）。制动的方法一般有两类：机械制动和电气制动。

9.1.2.1　机械制动

利用机械装置使电动机断开电源后迅速停转的方法称为机械制动。常用的方法有电磁抱闸制动。

A　电磁抱闸的结构

电磁抱闸主要由两部分组成：制动电磁铁和闸瓦制动器。制动电磁铁由铁芯、衔铁和线圈三部分组成。闸瓦制动器包括闸轮、闸瓦和弹簧等，闸轮与电动机装在同一根转轴上。

B　工作原理

电动机接通电源，同时电磁抱闸线圈也得电，衔铁吸合，克服弹簧的拉力使制动器的闸瓦与闸轮分开，电动机正常运转。断开开关或接触器，电动机失电，同时电磁抱闸线圈也失电，衔铁在弹簧拉力作用下与铁芯分开，并使制动器的闸瓦紧紧抱住闸轮，电动机被制动而停转。

C　电磁抱闸制动的特点

机械制动主要采用电磁抱闸、电磁离合器制动，两者都是利用电磁线圈通电后产生磁场，使静铁芯产生足够大的吸力吸合衔铁或动铁芯（电磁离合器的动铁芯被吸合，动、静摩擦片分开），克服弹簧的拉力而满足工作现场的要求。电磁抱闸是靠闸瓦的摩擦片制动闸轮。电磁离合器是利用动、静摩擦片之间足够大的摩擦力使电动机断电后立即制动。其优点是电磁抱闸制动、制动力强、广泛应用在起重设备上，它安全可靠，不会因突然断电而发生事故。其缺点是电磁抱闸体积较大，制动器磨损严重，快速制动时会产生振动。

D　电动机抱闸间隙的调整方法

（1）停机（机械和电气关闭确认、泄压并动力上锁，并悬挂"正在检修"、"严禁启动"警示牌）；

（2）卸下扇叶罩；

（3）取下风扇卡簧，卸下扇叶片；

（4）检查制动器衬的剩余厚度（制动衬的最小厚度）；

（5）检查防护盘：如果防护盘边缘已经碰到定位销标记时，必须更换制动器盘；

（6）调整制动器的空气间隙：将三个（四个）螺栓拧紧到空气间隙为零，再将螺栓反向拧松角度为120°，用塞尺检查制动器的间隙（至少检查三个点），应该均匀且符合规定值；不对请重新调整（注：抱闸的型号不同，其反向拧松的角度、制动器的间隙也不一样）；

（7）手动运行，制动器动作声音清脆、停止位置准确、有效；

（8）现场6S标准清扫。

9.1.2.2　电气制动

A　能耗制动

（1）能耗制动的原理。电动机切断交流电源后，转子因惯性仍继续旋转，立即在两相定子绕组中通入直流电，在定子中即产生一个静止磁场。转子中的导条就切割这个静止磁场而产生感应电流，在静止磁场中受到电磁力的作用。这个力产生的力矩与转子惯性旋转方向相反，称为制动转矩，它迫使转子转速下降。当转子转速降至 0，转子不再切割磁场，电动机停转，制动结束。此法是利用转子转动的能量切割磁通而产生制动转矩的，实质是将转子的动能消耗在转子回路的电阻上，故称为能耗制动。

（2）能耗制动的特点。能耗制动具有制动力强、制动平稳、无大的冲击、能使生产机械准确停车等优点，被广泛用于矿井提升和起重机运输等生产机械。缺点是制动时需要直流电源、低速时制动力矩小，电动机功率较大时，制动的直流设备投资大。

（3）按速度原则控制的电动机单向运行能耗制动控制电路如图 9-1 所示。由 KM2 的一对主触点接通交流电源，经整流后，由 KM2 的另两对主触点通过限流电阻向电动机的两相定子绕组提供直流。

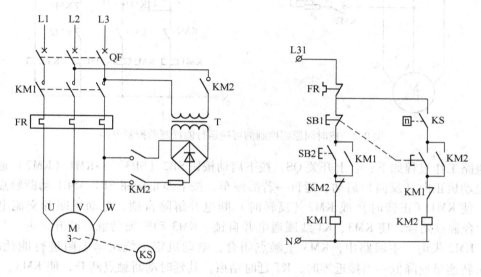

图 9-1　按速度原则控制的电动机能耗制动控制电路

电路工作过程如下：假设速度继电器的动作值调整为 120r/min，释放值为 100r/min。合上开关 QS，按下启动按钮 SB2→KM1 通电自锁，电动机启动→当转速上升至 120r/min，KV 动合触点闭合，为 KM2 通电作准备。电动机正常运行时，KV 动合触点一直保持闭合状态→当需停车时，按下停车按钮 SB1 动断触点首先断开，使 KM1 断电接触自锁，主回路中，电动机脱离三相交流电源→SB1 动合触点后闭合，使 KM2 线圈通电自锁。KM2 主触点闭合，交流电源经整流后经限流电阻向电动机提供直流电源，在电动机转子上产生一制动转矩，使电动机转速迅速下降→当转速下降至 100r/min，KV 动合触点断开，KM2 断电释放，切断直流电源，制动结束。电动机最后阶段自由停车。

对于功率较大的电动机应采用三相整流电路，而对于 10kW 以下的电机，在制动要求不高的场合，为减少设备，降低成本，减少体积，可采用无变压器的单管直流制动。制动电路可参考相关图书。

（4）按时间原则进行控制的电动机可逆运行能耗制动控制电路如图 9-2 所示。图中KM1、KM2 分别为电动机正反转接触器，KM3 为能耗制动接触器；SB2、SB3 分别为电动机正反转启动按钮。

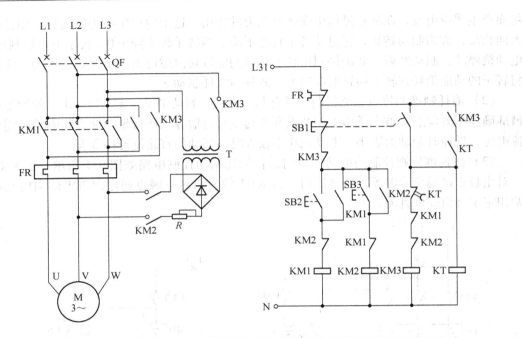

图 9-2　按时间原则控制的可逆运行能耗制动控制电路

电路工作过程如下：合上开关 QS，按下启动按钮 SB2（SB3）→KM1（KM2）通电自锁，电动机正向（反向）启动、运行→若需停车，按下停止按钮 SB1→SB1 动断触点首先断开，使 KM1（正转时）或 KM2（反转时）断电并解除自锁，电动机断开交流电源→SB1 动合触点闭合，使 KM3、KT 线圈通电并自锁。KM3 动断辅助触点断开，进一步保证KM1、KM2 失电。主回路中，KM3 主触点闭合，电动机定子绕组串电阻进行能耗制动，电动机转速迅速降低→当接近零时，KT 延时结束，其延时动断触点断开，使 KM3、KT 线圈相继断电释放。主回路中，KM3 主触点断开，切断直流电源，直流制动结束。电动机最后阶段自由停车。

按时间原则控制的直流制动，一般适合于负载转矩和转速较稳定的电动机，这样，时间继电器的整定值不需经常调整。

B　反接制动

a　电源反接制动

反接制动刚开始时，旋转磁场反向，起制动作用，当转速降至接近零时，立即切断电源，避免电动机反转。转子与旋转磁场的相对速度接近于两倍的同步转速，所以定子绕组流过的制动电流相当于全压直接启动电流的两倍，因此，反接制动的特点是制动迅速，效果好，但冲击大。故反接制动一般用于电动机需快速停车的场合，如镗床上主电动机的停车等。为了减小冲击电流，通常要求在电动机主电路中串接一定的电阻以限制反接制动电流。反接制动的优点是制动力强、停转迅速、无需直流电源；缺点是制动过程冲击大，电能消耗多。

（1）反接制动电阻的接线方法有对称和不对称两种接法。图 9-3 是三相串电阻的对称接法。

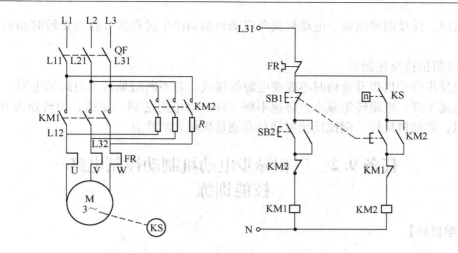

图 9-3　速度原则控制的电动机反接制动控制电路

（2）电动机可逆运行反接制动电路如图 9-4 所示。图中电阻 *R* 是反接制动电阻，为不对称接法，同时也具有限制启动电流的作用。

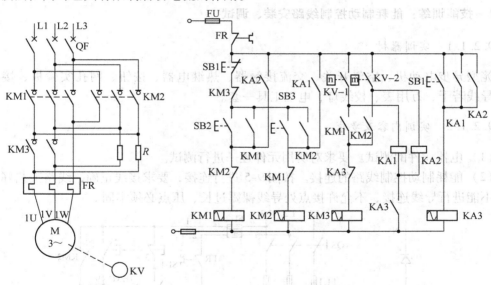

图 9-4　电动机可逆运行反接制动控制电路

电路工作过程如下：合上开关 QS、按下正向启动按钮 SB2→KM1 通电自锁，主回路中电动机两相串电阻启动→当转速上升到速度继电器动作值时，KV-1 闭合，KM3 线圈通电，主回路中 KM3 主触点闭合短接电阻，电动机进入全压运行→需要停车时，按下停止按钮 SB1，KM1 断电解除自锁。电动机断开正相序电源→SB1 动合触点闭合，使 KA3 线圈通电→KA3 动断触点断开，使 KM3 线圈保持断电；KA3 动合触点闭合，KA1 线圈通电，KA1 的一对动合触点闭合使 KA3 保持继续通电，另一对动合触点闭合使 KM2 线圈通电，KM2 主触点闭合，主回路中，电动机串电阻进行反接制动→反接制动使电动机转速迅速下降，当下降到 KV 的释放值时，KV-1 断开，KA1 断电→KA3 断电、KM2 断电，电动机断开制动电源，反接制动结束。电动机反向启动和制动停车过程的分析与正转时相似，可自行分析。

　　b　电阻倒拉反接制动

绕线异步电动机提升重物时不改变电源的接线，若不断增加转子电路的电阻，电动机的转子电流下降，电磁转矩减小，转速不断下降，当电阻达到一定值，使转速为0，若再增加电阻，电动机反转。倒拉反接制动具有能量损耗大的特点。

任务9.2　三相异步电动机制动控制电路技能训练

【任务教学目标】

（1）会线路安装。

（2）能判断线路故障。

（3）会结合电气原理分析故障。

9.2.1　技能训练：能耗制动控制线路安装、调试

9.2.1.1　实训器材

笼型异步电动机、空气开关、交流接触器、热继电器、按钮、网孔实验板、接线端子、导线若干、万用表、校线灯、电工工具一套。

9.2.1.2　实训内容及要求

（1）电器元件的测试。要求对所用元件逐一进行测试。

（2）能耗制动控制线路的连接。按图9-5进行连接，要求接线正确，线路工艺好，线路间不能进行导线连接、不允许接点处导线裸露过长、压点必须牢固。

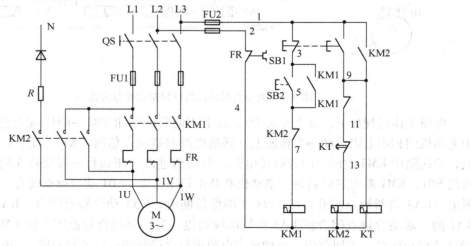

图9-5　能耗制动控制线路

（3）线路检查。要求按电气原理图对每条支路进行不带电检测。

（4）连接电源、电动机等外部导线。

（5）通电试车，排查故障。要求通电试车时，老师必须在场，其余同学不允许围观起哄。试车不成功，进行故障排查时，应将电源线拆除才能进行故障检查。

（6）反复练习，提高接线的速度和质量，提高故障排查的准确性。

9.2.1.3　注意事项

（1）所有器件的接线处，不可用力过猛，以防螺钉滑扣，尤其是按钮。

（2）分清常开常闭触点位置，不要错接。可用校线灯或万用表欧姆挡判别。

（3）接线时要保证电动机接法的正确性。

（4）电气互锁不能缺失。

（5）号码管的套装应与原理图上的标号一致。

9.2.2　技能训练：时间控制反接制动控制线路安装、调试

9.2.2.1　实训器材

笼型异步电动机、空气开关、交流接触器、时间继电器、热继电器、按钮、网孔实验板、接线端子、导线若干、万用表、校线灯、电工工具一套。

9.2.2.2　实训内容及要求

（1）电器元件的测试。要求对所用元件逐一进行测试。

（2）时间继电器控制的反接制动控制线路的连接。按图 9-6 进行连接，要求接线正确，线路工艺好，线路间不能进行导线连接、不允许接点处导线裸露过长、压点必须牢固。

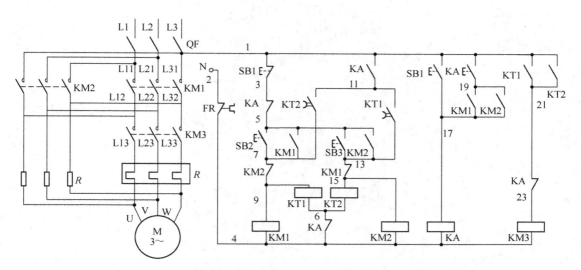

图 9-6　时间继电器控制的反接制动控制线路

（3）线路检查。要求按电气原理图对每条支路进行不带电检测。

（4）连接电源、电动机等外部导线。

（5）通电试车，排查故障。要求通电试车时，老师必须在场，其余同学不允许围观起哄。试车不成功，进行故障排查时，应将电源线拆除才能进行故障检查。

（6）反复练习，提高接线的速度和质量，提高故障排查的准确性。

9.2.2.3　注意事项

（1）所有器件的接线处，不可用力过猛，以防螺钉滑扣，尤其是按钮。

（2）分清按钮的常开常闭触点位置，不要错接。可用校线灯或万用表欧姆挡判别。

（3）时间继电器的使用注意分清通电延时和断电延时时间继电器，注意延时触点和瞬动触点不要混淆。

（4）接触器 KM1 和 KM2 主触点接线时应注意在上端要倒接。

（5）号码管的套装应与原理图上的标号一致。

复习思考题

9-1　电气制动有哪些实现方法？

9-2　什么是能耗制动？

9-3　什么是反接制动？

学习情境 10　三相异步电动机变速控制电路安装与调试

【项目教学目标】

(1) 掌握三相异步电动机变速控制线路安装与调试的方法。

(2) 熟悉三相异步电动机变速控制线路安装与调试电路的基本环节，并能分析工作原理。

(3) 能判断、分析、处理常见电气故障。

(4) 能根据控制工艺进行电路设计。

任务 10.1　三相异步电动机变速控制电路知识

【任务教学目标】

(1) 熟悉三相异步电动机变速控制线路安装与调试控制电路的基本环节。

(2) 能分析三相异步电动机变速控制线路安装与调试控制电路工作原理。

(3) 了解双速异步电动机控制线路的故障诊断方法。

10.1.1　任务描述与分析

10.1.1.1　任务描述

分析三相异步电动机变速控制电路工作原理，学习三相异步电动机变速控制线路安装与调试控制，掌握双速和三速异步电动机控制线路的故障诊断方法。

10.1.1.2　任务分析

介绍三相异步电动机变速控制线路思想，掌握如何实现三相异步电动机的变极调速、三相绕线转子感应电动机改变转子电路电阻实现调速、电磁滑差离合器调速等。

10.1.2　相关知识

10.1.2.1　变速感应电动机控制思想

虽然电力电子、计算机控制以及矢量控制等技术的进步，使交流变频调速技术快速发展。但是，目前在工业现场仍广泛使用三相异步电动机调速装置，例如三相异步电动机的变极调速、三相绕线转子感应电动机改变转子电路电阻实现调速、电磁滑差离合器调速等。

10.1.2.2　双速电机和三速电机变极调速的控制原理

异步电动机转速表达式为：

$$n = (1 - s)\frac{60f}{p} \tag{10-1}$$

式中，n 为电动机的转速；f 为电源频率，50Hz；p 为电动机的极对数；s 为转差率。

通过式（10-1）可以看出，当电源频率 f 固定以后，三相异步电动机的同步转速与它的磁极对数成反比。因此，只要改变电动机定子绕组磁极对数，也就能改变它的同步转速，从而改变转子转速。在改变定子极数时，转子极数也必须同时改变。为了避免在转子方面进行变极改接，变极电动机常用笼型转子，因为笼型转子本身没有固定的极数，它的极数由定子磁场极数确定，不用改变。

10.1.2.3　双速感应电动机变极调速控制方式

A　改变磁极对数的方法

第一种是在定子上装置两个独立的绕组，各自具有不同的极数。第二种方法是在一个绕组上，通过改变绕组的连接来改变极数，或者说改变定子绕组每相的电流方向，由于构造的复杂，通常速度改变的比值为 2:1。希望获得更多的速度等级，例如四速电动机，可同时采用上述两种方法，即在定子上装置两个绕组，每一个都能改变极数。

图 10-1 所示为 4/2 极的双速电动机定子绕组接线示意图。电动机定子绕组有六个接线端，分别为 U1、V1、W1、U2、V2、W2。图 10-1（a）是将电动机定子绕组的 U1、V1、W1 三个接线端接三相交流电源，而将电动机定子绕组的 U2、V2、W2 三个接线端悬空，三相定子绕组按三角形接线，此时每个绕组中的①、②线圈相互串联，电流方向如图 10-1（a）中的箭头所示，电动机的极数为 4 极；如果将电动机定子绕组的 U2、V2、W2 三个接线端子接到三相电源上，而将 U1、V1、W1 三个接线端子短接，则原来三相定子绕组的三角形连接变成双星形连接，此时每组绕组中的①、②线圈相互并联，电流方向如图 10-1（b）中箭头所示，于是电动机的极数变为 2 极。

注意观察两种情况下各绕组的电流方向。

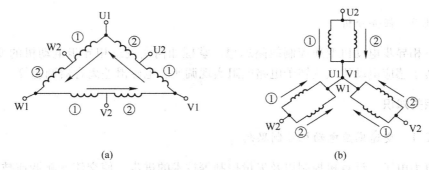

（a）　　　　　　　　　　　　　　（b）

图 10-1　双速异步电动机三相定子绕组接线示意图

（a）定子绕组三角形连接；（b）定子绕组双星形连接

　　必须注意，绕组改极后，其相序方向和原来相序相反。所以，在变极时，必须把电动机任意两个出线端对调，以保持高速和低速时的转向相同。例如，在图 10-1 中，当电动机绕组为三角形连接时，将 U1、V1、W1 分别接到三相电源 L1、L2、L3 上；当电动机的定子绕组为双星形连接，即由 4 极变到 2 极时，为了保持电动机转向不变，应将 V2、U2、W2 分别接到三相电源 L1、L2、L3 上。当然，也可以将其他两相任意对调即可。

　　B　双速异步电动机控制线路

双速异步电动机控制线路如图 10-2 所示。

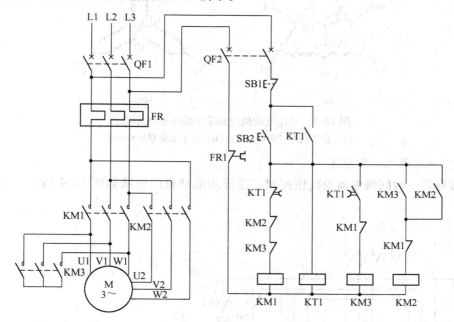

图 10-2　双速异步电动机控制线路图

10.1.2.4　三速感应电机变极调速控制

　　在实际工作过程中，大部分变极三速异步电动机都在定子铁芯槽内嵌放两套独立的绕组，利用改变其接法来获得三种不同的速度。也有部分三速异步电动机定子铁芯槽内只嵌放一组三相绕组，利用改变其接法获得三种不同的速度。此种电动机定子绕组结构较复杂，出线端子较多（有 12 个端子）。这里介绍双绕组三速异步电动机。

　　双绕组三速异步电动机定子绕组的接线原理如图 10-2 所示。图中异步电动机定子绕组有两套绕组共十个出线端，改变这十个出线端与电源的接线方式就可得到三种不同转速。

　　A　三速电动机接线工作方式

　　（1）低速。将三相交流电源接至 U1、V1、W1，并将 W1 与 W1′两端点相连，其余六个出线端悬空，则电动机三相定子绕组接成三角形连接，电动机低速运行，如图 10-3 所示。

　　（2）中速。将三相交流电源接至 U2、V2、W2，其余出线端悬空，则电动机三相定子绕组接成星形连接，电动机中速运行，如图 10-3 所示。

（3）高速。将三相交流电源接至 U3、V3、W3，并将 U1、V1、W1 和 W1′相连，其余三个出线端悬空，则电动机三相定子绕组接成双星形连接，电动机高速运行，如图 10-3 所示。图中 W1 和 W1′出线端分开的目的是当电动机三相定子绕组接成中速运行时，不会在三角形连接的定子绕组中产生感应电流。

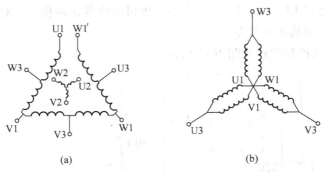

(a)　　　　　　　　　　　　　(b)

图 10-3　三速电动机三相定子绕组接线示意图

（a）定子绕组三角形连接；（b）定子绕组双星形连接

B　三速电动机工作原理

用接触器、时间继电器及按钮控制三速异步电动机的电路如图 10-4 所示。工作原理如下：

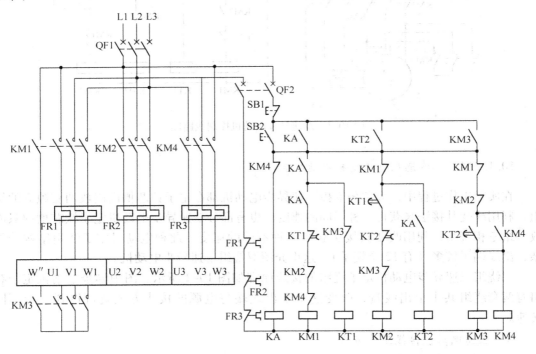

图 10-4　三速电动机控制原理图

（1）低速运行。合上电源开关 QF，按下低速运行启动按钮 SB2，接触器 KA 线圈得电，（常开）触点 KA 闭合，KT1 和 KM1 得电。KM1 主触头动合，三相交流电源与定子绕组三个出线端 U1、V1、W1 相接（W1 与 W″也由 KM1 的主触点相连）则电动机定子绕组接成三角形连接，电动机低速运行。

（2）中速运行。待 KT1 预置值到达时，KT1 得电延时断开触点动断，接触器 KM1 线圈失电，低速运行结束；KT1 得电延时闭合触点动合，KT2 和 KM2 得电。主触点 KM2 闭合，三相交流电源与定子绕组三个出线端 U2、V2、W2 相接，则电动机定子绕组接成星形连接，电动机中速运行。

（3）高速运行。待 KT2 预置值到达时，KT2 得电延时断开触点动断，接触器 KM2 线圈失电，中速运行结束；KT2 得电延时闭合触点动合，KM3 和 KM4 得电，主触点 KM3 和 KM4 闭合。三相交流电源与定子绕组三个出线端 U2、V2、W2 相接，接触器 KM3 的另外一组动合触点闭合，将 U1、V1、W1 和 W″四个出线端相连，则电动机定子绕组接成双星形连接，电动机高速运行。

三个接触器 KM1、KM2、KM3 之间采用接触器触点互锁，以保证在任何情况下只能有一个接触器线圈通电，以避免电源短路。

任务10.2　三相异步电动机变速控制线路安装与调试技能训练

【任务教学目标】

（1）学会电动机变速控制线路安装方法。
（2）能判断电动机变速控制断线路故障。
（3）会结合电动机变速控制分析电气工作原理。

10.2.1　技能训练：双速异步电动机控制线路安装、调试

10.2.1.1　实训器材

双速异步电动机、空气电源开关、交流接触器、热继电器、按钮、网孔实验板、接线端子、导线若干、万用表、校线灯、电工工具一套。

10.2.1.2　实训内容及要求

（1）弄清电器元件名称，熟悉各电器元件的作用、结构形式以及安装方法。
（2）分析图 10-2 电气线路的工作原理。
（3）按照图 10-2 双速异步电动机控制电气原理图，绘制电器布置图，电气接线图的草图，经过指导老师检查绘制出正规的电器布置图；按要求正确接线。
（4）接线完毕后，应仔细检查是否有误，如有误应改正，然后向指导老师提出通电请求，经同意后才能通电试车。
（5）通电试车时，不得对线路进行带电改动。出现故障时必须断电进行检修，检修完毕后必须再次向指导老师提出通电请求，直到试车达到满意为止。
（6）认真观察电动机的启动、停止，低速、高速运行情况。

（7）填写实习报告。

10.2.1.3　注意事项

（1）所有器件的接线处，不可用力过猛，以免损坏电器元件。

（2）分清按钮的常开常闭触点位置，不能错接。可用校线灯或万用表欧姆挡判别。

（3）双速电动机，有 6 根引出线端。

（4）接线时要保证双速电动机接线正确，即接触器 KM1 主触点闭合时，应保证定子绕组 U1-V1-W1 接通为低速运行。接触器 KM2、KM3 主触点闭合时为高速运行。

（5）号码管的套装应与原理图上的标号一致。

10.2.2　技能训练：三速电机控制线路安装、调试

10.2.2.1　实训器材

三速异步电动机、空气电源开关、交流接触器、热继电器、按钮、网孔实验板、接线端子、导线若干、万用表、校线灯、电工工具一套。

10.2.2.2　实训内容及要求

（1）弄清电器元件名称，熟悉各电器元件的作用、结构形式以及安装方法。

（2）分析图 10-4 三速电动机电气线路的工作原理。

（3）按图 10-4 三速电动机控制电路进行连接，要求接线正确，线路工艺好，线路间不能进行导线连接、不允许接点处导线裸露过长、压点必须牢固。

（4）不得对线路进行带电改动，线路检查要停电。要求按电气原理图对每条支路进行检测。

（5）连接电源、电动机等外部导线。

（6）通电试车，排查故障。要求通电试车时，必须在老师的指导下进行。试车不成功，进行故障排查时，应将电源开关停电后才能进行故障检查。

（7）操作启动和停止按钮，认真观察电动机的启动，低速、中速、高速的运行情况。

（8）填写实习报告。

10.2.2.3　注意事项

（1）检查所有器件是否完好；接线时，不能用力过大，以免损坏电器元件。

（2）分清按钮的常开常闭触点位置，不要错接。可用校线灯或万用表欧姆挡判别。

（3）三速电动机，有 10 根出线端，即接线时要引十根线上端子排。

（4）接线时要保证三速电动机接法的正确性，即接触器 KM1 主触点闭合时，应保证电动机低速运行；接触器 KM2 主触点闭合时，电动机为中速运行；接触器 KM4、KM3 主触点闭合时，电动机为高速运行。

（5）特别注意在接触器 KM1、KM3 主触点上四对接线。

（6）号码管的套装应与原理图上的标号一致。

复习思考题

10-1　如何理解变速控制？双速电动机与三速电动机的区别是什么？

10-2　有一 T68 镗床设备由主轴电机拖动，主轴电机采用手动控制双速电机，启动 SB2 电动机低速运行，启动 SB3 电动机高速运行。根据控制要求设计继电接触器控制电路。具体要求如下：

（1）具有过载、短路保护环节；

（2）设计电路图符合电气规范。

学习情境 11 生产运输机循环延时控制线路设计、安装与调试

【项目教学目标】

（1）知道三相异步电动机的生产运输机自动循环延时控制方法。

（2）掌握三相异步电动机生产运输机循环延时控制线路的基本环节，并能分析工作原理。

（3）能判断、分析、处理生产运输中自动循环延时常见电气故障。

（4）能根据控制工艺进行生产运输机循环延时电路设计。

任务 11.1 三相异步电动机自动循环延时控制电路知识

【任务教学目标】

（1）熟悉三相异步电动机生产运输机自动循环延时控制线路的基本环节。

（2）能分析三相异步电动机生产运输机自动循环延时控制线路的工作原理。

（3）了解三相异步电动机生产运输自动循环延时控制线路的故障诊断方法。

11.1.1 任务描述与分析

11.1.1.1 任务描述

在实际生产过程中，三相异步电动机自动往复控制线路的应用非常广泛。为了实现对这些生产机械的自动控制，要求工作台在一定距离内能自动往复，这就需要确定运动过程中的位置，一般情况下，常采用行程开关（又称极限开关）控制电动机自动往复运行线路的实现。

11.1.1.2 任务分析

本任务介绍三相异步电动机生产运输机自动循环延时控制线路安装与调试控制。学会自动往复控制线路工作原理以及电气故障处理。

11.1.2 相关知识

三相异步电动机自动往复控制线路在生产实际中的应用是十分普遍的。如：镗床、铣床工作台的自动往返运动，刨床、立式车床、钻床、加热炉上料小车、皮带运输等工艺要求运用自动往返运动控制。

11.1.2.1　三相异步电动机自动往复行程开关控制

在生产中，有些机械的工作需要自动往复运动（例如：钻床的刀架、万能铣床、立式车床的工作台等）。在生产机械的自动控制过程中，要求工作台在一定距离内能自动往复，这就需要确定运动过程中的位置，常常采用行程开关或光电开关控制来实现电动机自动往复运行。

（1）行程开关控制的自动往复运动示意图如图 11-1 所示。

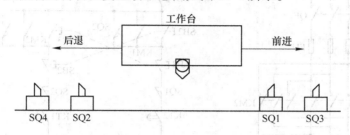

图 11-1　自动往复运动示意图

（2）自动往复控制原理如图 11-2 所示。

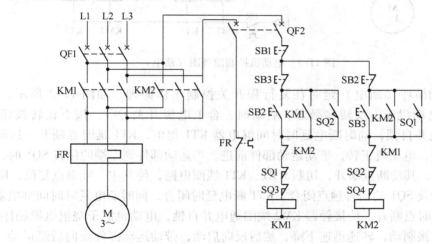

图 11-2　自动往复控制线路图

（3）自动往复控制工作原理。如图 11-2 所示，KM1、KM2 分别为电动机正、反转接触器。启动时，合上电源开关 QF1 和 QF2，按下正转按钮 SB2，KM1 线圈通电并自锁，主触点接通主电路，电动机正转，带动运动部件前进。当运动部件到左端的位置 SQ1 时，机械挡铁碰到 SQ1，其动断点触点断开，切断 KM1 线圈电路，使其主、辅助点复位，KM1 的动断触点闭合及 SQ1 的动合触点闭合使接触器 KM2 线圈通电并自锁，电动机定子绕组电源相序改变，电动机进行反接制动，转速迅速下降，然后反向启动，带动运动部件反向后退运动。当运动部件到右端位置 SQ2 时，其上的挡铁撞压行程开关 SQ2，SQ2 动作，动断触点断开使 KM2 线圈断电，SQ2 的动合触点闭合使 KM1 线圈电路接通，电动机先进行反接制动再反向启动，带动运动部件前进。这样，运动部件自动进行往复运动。当按下停止按钮 SB1 时，电动机停止运行。SQ3 与 SQ4 为超极限，当 SQ1 与 SQ2 触头不起该作用时起保护作用，防止飞车事故。

11.1.2.2　三相异步电动机自动循环（断电）延时往复行程开关控制

（1）自动循环（断电）延时往复行程开关控制电路如图 11-3 所示。

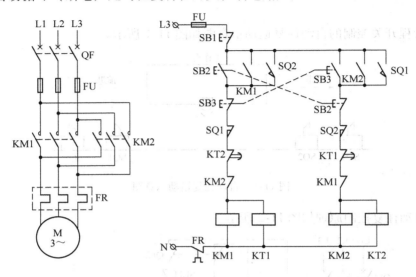

图 11-3　电动机控制原理图（断电）

　　（2）自动循环（断电）延时往复行程开关控制工作原理。如图 11-3 所示，KM1、KM2 分别为电动机正、反转接触器。启动时，合上电源开关 QF1，按下正转按钮 SB2，KM1 线圈通电并自锁，同时断电延时时间继电器 KT1 得电，KT1 延时点断开。这时主触点接通主电路，电动机正转，带动运动部件前进。当运动部件到左端的位置 SQ1 时，机械挡铁碰到 SQ1，其动断点断开，切断 KM1、KT1 线圈电路，使其主、辅助点复位，KM1 的动断触点闭合及 SQ1 的动合触点闭合，KT1 断电延时闭合，同时断电延时时间继电器 KT2 得电，KT2 延时点断开。使接触器 KM2 线圈通电并自锁，电动机定子绕组电源相序改变，电动机进行反接制动，转速迅速下降，然后反向启动，带动运动部件反向后退运动。当运动部件到右端位置 SQ2 时，其上的挡铁撞压行程开关 SQ2，SQ2 动作，动断触点断开使 KM2、KT2 线圈断电，SQ2 的动合触点闭合使 KM1、KT1 线圈电路接通，电动机先进行反接制动再反向启动，带动运动部件前进。这样，运动部件由断电延时和行程开关控制自动往复运动。当按下停止按钮 SB1 时，电动机停止运行。

任务 11.2　三相异步电动机自动循环延时控制安装与调试技能训练

【任务教学目标】

　　（1）学会电动机自动循环延时往返行程开关控制线路安装方法。

（2）能判断电动机自动循环延时往返行程开关控制线路故障。

（3）会结合电动机自动循环延时往返行程开关控制分析电气工作原理。

11.2.1　技能训练：三相异步电动机自动循环往返行程开关控制线路安装、调试

11.2.1.1　实训器材

三相异步电动机、电源开关、交流接触器、热继电器、按钮、网孔实验板、接线端子、导线若干、万用表、校线灯、电工工具一套。

11.2.1.2　实训内容及要求

（1）弄清电器元件名称，熟悉各电器元件的作用、结构形式以及安装方法。

（2）分析图 11-2 电气线路的工作原理。

（3）按照图 11-2 三相异步电动机控制电气原理图，绘制电器布置图，电气接线图的草图，经过指导老师检查绘制出正规的电器布置图；按要求正确接线。

（4）接线完毕后，应仔细检查是否有误，如有误应改正，然后向指导老师提出通电请求，经同意后才能通电试车。

（5）通电试车时，不得对线路进行带电改动。出现故障时必须断电进行检修，检修完毕后必须再次向指导老师提出通电请求，直到试车达到满意为止。

（6）认真观察电动机的自动循环延时往返运行情况。

（7）填写实习报告。

11.2.1.3　注意事项

（1）所有器件的接线处，不可用力过猛，以免损坏电器元件。

（2）分清按钮的常开常闭触点位置，不能错接。可用校线灯或万用表欧姆挡判别。

（3）接线时要保证电动机接线正确，即接触器 KM1 主触点闭合时正转运行。接触器 KM2 主触点闭合时为反转运行。

（4）号码管的套装应与原理图上的标号一致。

11.2.2　技能训练：三相异步电动机自动循环延时控制安装与调试

11.2.2.1　实训器材

三相异步电动机、电源开关、交流接触器、热继电器、按钮、网孔实验板、接线端子、导线若干、万用表、校线灯、电工工具一套。

11.2.2.2　实训内容及要求

（1）弄清电器元件名称，熟悉各电器元件的作用、结构形式以及安装方法。

（2）分析图 11-3 三相异步电动机自动循环延时往返行程开关控制的工作原理。

（3）按照图 11-3 三相异步电动机自动循环延时往返行程开关控制电路进行连接，要求接线正确，线路工艺好，线路间不能进行导线连接、不允许接点处导线裸露过长、压点

必须牢固。

（4）不得对线路进行带电改动，线路检查要停电。要求按电气原理图对每条支路进行检测。

（5）连接电源、电动机等外部导线。

（6）通电试车，排查故障。要求通电试车时，必须在老师的指导下进行。试车不成功，进行故障排查时，应将电源开关停电后才能进行故障检查。

（7）操作启动和停止按钮，认真观察三相异步电动机自动循环延时往返行程的运行情况。

（8）填写实习报告。

11.2.2.3　注意事项

（1）检查所有器件是否完好；接线时，不能用力过大，以免损坏电器元件。

（2）分清按钮的常开常闭触点位置，不要错接。可用校线灯或万用表欧姆挡判别。

（3）接线时要保证三相异步电动机自动循环延时往返行程的正确性，即接触器 KM1 主触点闭合时，应保证电动机正转运行；接触器 KM2 主触点闭合时，电动机为反转运行。

（4）号码管的套装应与原理图上的标号一致。

复习思考题

11-1　某机床由一台润滑油泵三相异步电动机和一台主轴三相异步电动机拖动，均采用直接启动，工艺要求如下：（1）主轴电机必须在油泵开动后，才能启动；（2）主轴电动机正常为正向运转，但为调试方便，要求能正反向点动；（3）主轴电动机停止后，才允许油泵停止；（4）有短路、过载及失压保护。试设计电路及控制电路。

11-2　某升降台由一台三相异步电动机拖动，采用直接启动，制动由采用电磁抱闸控制。控制要求为：按下启动按钮后先松闸，经 3 s 后电动机正向启动，工作台升起，再经 5 s 后，电动机自动反向，工作台下降，又经 5 s 后，电机停转，电磁抱闸抱紧。试设计主电路与控制电路，要求具有短路、过载及失压保护。

学习情境 12　皮带运输机顺序、多地点控制电控线路设计、安装与调试

【项目教学目标】

(1) 知道顺序控制的方法。

(2) 掌握顺序控制电路的基本环节，并能分析工作原理。

(3) 能判断、分析、处理常见电气故障。

(4) 能根据控制工艺进行电路设计。

任务 12.1　皮带运输机顺序、多地点控制电控线路知识准备

【任务教学目标】

(1) 熟悉控制电路的基本环节。

(2) 能分析控制电路工作原理。

12.1.1　任务描述与分析

12.1.1.1　任务描述

皮带运输机广泛应用于采矿、冶金、化工、铸造、建材等行业的输送和生产流水线以及水电站建设工地和港口等生产部门。主要用来输送破碎后的物料，根据输送工艺要求，可单台输送，也可多台组合或与其他输送设备组成水平或倾斜的输送系统。适用于输送堆积密度小于 $1.67t/m^3$，易于掏取的粉状、粒状、小块状的低磨琢性物料及袋装物料，如煤、碎石、砂、水泥、化肥、粮食等。被送物料温度小于 $60℃$。其机长及装配形式可根据用户要求确定，传动可用电滚筒，也可用带驱动架的驱动装置。

12.1.1.2　任务分析

本任务介绍了顺序控制的几种形式及控制方法，要求掌握顺序控制的原理、接线及故障判断和维修。

12.1.2　相关知识

在工业生产过程中，许多生产机械是由 2 台以上的电动机拖动的，并且对各台电动机的运行顺序有一定的要求，如金属切削机床常要求先启动油泵电动机再启动主轴电动机，而有的机械要求主轴电动机启动后才能启动进给电动机。也就是说顺序控制主要用于辅助

机械的自动启停操作及局部公共系统的运行操作，具有提高机组自动操作水平的功能。有利于保证操作的及时和准确，减少误操作。顺序控制就是按预先规定的顺序、条件和时间要求，对工艺系统各有关对象自动地进行一系列操作控制的技术，顺序控制可以接受人工指令或其他上一级自动装置的指令开始工作，也可以在规定的外界条件出现时自动开始工作。顺序控制是工业自动化技术中的一个重要组成部分。

12. 1. 2. 1　顺序控制

（1）顺序控制的几种形式：

1）上次动作完成再做下一个动作的顺序控制；

2）按照几个动作的综合结果和一定的条件来决定下次应该执行的动作条件的顺序控制；

3）按照时间的长短来决定下次动作的时间顺序控制。

（2）顺序控制的一般原则：

1）一般对有规律性的操作较频繁或操作过程较复杂的控制项目来说，宜采用顺序控制，如磨煤机、皮带动输机等；

2）采用顺序控制时一般保留各被控对象的常规控制手段；

3）顺序控制一般与保护连锁和常规控制分开，独立形成系统；

4）工艺系统和操作步骤尽量简化。

（3）皮带运输机顺序控制电路。图 12-1 为顺启逆停和顺启顺停电路，其电路的控制特点是：在图 12-1（b）中 KM2 线圈这条支路中接了 KM1 的常开辅助触头。只要 M1 不启动，即使按下 SB2，由于 KM1 的常开辅助触头未闭合，KM2 线圈也不能得电，从而保

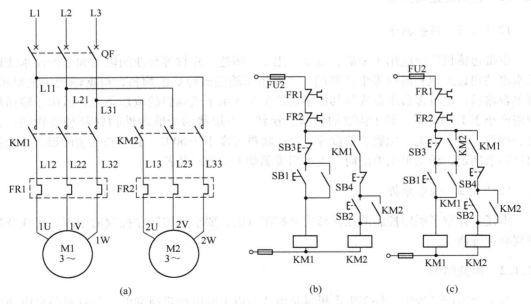

图 12-1　顺启逆停和顺启顺停电路
(a) 主电路；(b) 顺启顺停；(c) 顺启逆停

证了 M1 启动后，M2 才能启动的控制要求。停车控制图 12-1（b）为顺停，图 12-1（c）则只能先停 M2 才能停 M1 电机。

12.1.2.2　多地控制电路

能在两地或多地控制同一台电机的控制方式称为电动机的多地控制，如图 12-2 所示。图中 SB11、SB12 为安装在甲地的启动和停止按钮；SB21、SB22 为安装在乙地的启动和停止按钮。线路的特点是：两地的启动按钮 SB11、SB21 要并联接在一起，停止按钮 SB12、SB22 要串联接在一起，这样就可以分别在甲、乙两地启动和停止同一台电机了。

若要实现三地等的控制，则按要求串并联按钮即可。

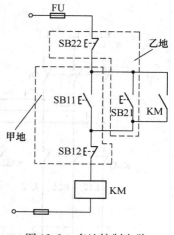

图 12-2　多地控制电路

任务 12.2　皮带运输机电路技能训练

【任务教学目标】

（1）会线路安装。

（2）能判断线路故障。

（3）会结合电气原理分析故障。

12.2.1　技能训练：顺序控制线路安装、调试

12.2.1.1　实训器材

笼型异步电动机、空气开关、交流接触器、热继电器、按钮、网孔实验板、接线端子、导线若干、万用表、校线灯、电工工具一套。

12.2.1.2　实训内容及要求

（1）电器元件的测试。要求对所用元件逐一进行测试。

（2）顺序控制线路的连接。按图 12-3 进行连接，要求接线正确，线路工艺好，线路间不能进行导线连接、不允许接点处导线裸露过长、压点必须牢固。

（3）线路检查。要求按电气原理图对每条支路进行不带电检测。

（4）连接电源、电动机等外部导线。

（5）通电试车，排查故障。要求通电试车时，老师必须在场，其余同学不允许围观起哄。试车不成功，进行故障排查时，应将电源线拆除才能进行故障检查。

（6）反复练习，提高接线的速度和质量，提高故障排查的准确性。

12.2.1.3　注意事项

（1）所有器件的接线处，不可用力过猛，以防螺钉滑扣，尤其是按钮。

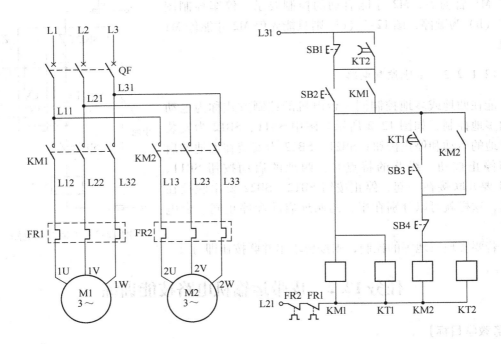

图 12-3　顺序控制线路

（2）分清按钮的常开常闭触点位置，不要错接。可用校线灯或万用表欧姆挡判别。

（3）分清时间继电器通电延时和断电延时的区别。

（4）接线时要保证点动按钮接法的正确性。

（5）号码管的套装应与原理图上的标号一致。

12.2.2　技能训练：多地点控制线路安装、调试

12.2.2.1　实训器材

笼型异步电动机、空气开关、交流接触器、时间继电器、热继电器、按钮、网孔实验板、接线端子、导线若干、万用表、校线灯、电工工具一套。

12.2.2.2　实训内容及要求

（1）电器元件的测试。要求对所用元件逐一进行测试。

（2）多地点控制线路的连接。按图 12-4 进行连接，要求接线正确，线路工艺好，线路间不能进行导线连接、不允许接点处导线裸露过长、压点必须牢固。

（3）线路检查。要求按电气原理图对每条支路进行不带电检测。

（4）连接电源、电动机等外部导线。

（5）通电试车，排查故障。要求通电试车时，老师必须在场，其余同学不允许围观起哄。试车不成功，进行故障排查时，应将电源线拆除才能进行故障检查。

（6）反复练习，提高接线的速度和质量，提高故障排查的准确性。

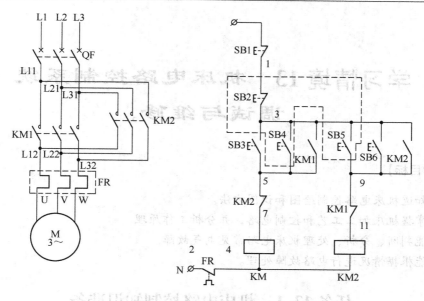

图 12-4　多地点控制线路

12.2.2.3　注意事项

（1）所有器件的接线处，不可用力过猛，以防螺钉滑扣，尤其是按钮。

（2）分清按钮的常开常闭触点位置，不要错接。可用校线灯或万用表欧姆挡判别。

（3）分清各地点的按钮间的串、并联。

（4）接线时要保证常开并联、常闭串联的连接可靠性。

（5）号码管的套装应与原理图上的标号一致。

复习思考题

12-1　顺序控制的形式有几种？

学习情境 13　机床电路控制系统调试与维修

【项目教学目标】

（1）知道机床电路控制绘图和识图方法。

（2）掌握机床加工工艺和控制电路，并分析工作原理。

（3）能判断、分析、处理机床电路常见电气故障。

（4）能根据情况进行电路故障处理。

任务 13.1　机床电路控制知识准备

【任务教学目标】

（1）熟悉机床电路控制绘图和识图方法。

（2）机床电路故障检查方法。

13.1.1　任务描述与分析

13.1.1.1　任务描述

电气控制系统的安装、调试、使用和维修，需要电气控制系统图，包括电气原理图、电器布置图和电气安装接线图，而机床电气控制应该在充分了解各种机床机械运动的基础上，对其电气控制电路加深理解，熟悉机、电配合及动作情况，掌握各种典型机床的电气控制原理，从而能够读懂一般复杂的电气原理图。

13.1.1.2　任务分析

本任务介绍电气原理图、电器布置图和电气安装接线图的用途、绘制原则及读图方法，以及机床电气原理图的读图方法。

13.1.2　相关知识

13.1.2.1　电气控制系统图的构成规则和绘图的基本方法

电气控制电路由许多电器元件按照一定的要求和规律连接而成。为了表达各种设备的电气控制系统的结构和原理，便于电气控制系统的安装、调试、使用和维修，需要将电气控制系统中各电器元件及其它们之间的连接线路用一定的图形表达出来，这就是电气控制系统图。电气控制系统图一般包括电气原理图、电器布置图和电气安装接线图三种，各种图有其不同的用途和规定画法，都要求按照统一的图形和文字符号及标准画法来绘制。为此，国家制订了一系列标准，用来规范电气控制系统的各种技术资料。

A　电气控制系统图中常用的图形符号和文字符号

国家标准局参照国际电工委员会（IEC）颁布的标准制订了我国电气设备有关的国家标准，其中包括《电气简图用图形符号》和《电气技术中的文字符号制定通则》。

B　电气控制系统图绘制的基本原则和基本方法

（1）电气原理图。电气原理图用图形和文字符号表示电路中各个电器元件的连接关系和电气工作原理，它并不反映电器元件的实际大小和安装位置。现以 CW6132 型普通车床的电气原理图（图 13-1）为例来说明绘制电气原理图应遵循的一些基本原则。电气原理图一般分为主电路、控制电路和辅助电路。主电路包括从电源到电动机的电路，是大电流通过的部分，画在图的左边。控制电路和辅助电路通过的电流相对较小，控制电路一般为继电器、接触器的线圈电路，包括各种主令电器、继电器、接触器的触点。辅助电路一般指照明、信号指示、检测等电路。各电路均应尽可能按动作顺序由上至下、由左至右画出。

（2）电气原理图中所有电器元件的图形和文字符号必须采用国家规定的统一标准。在电气原理图中，电器元件采用分离画法，即同一电器的各个部件可以不画在一起，但必须用同一文字符号标注。对于同类电器，应在文字符号后加数字序号以示区别（如图 13-1 中的 FU1 ~ FU4）。

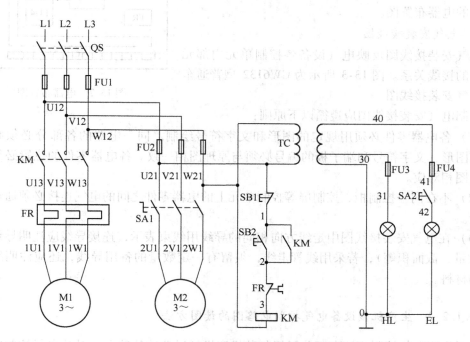

图 13-1　CW6132 型普通车床电气原理图

（3）在电气原理图中，所有电器的可动部分均按原始状态画出。即对于继电器、接触器的触点，应按其线圈不通电时的状态画出；对于控制器，应按其手柄处于零位时的状态画出；对于按钮、行程开关等主令电器，应按其未受外力作用时的状态画出。

（4）动力电路的电源线应水平画出；主电路应垂直于电源线画出；控制电路和辅助电路应垂直于两条或几条水平电源线，耗能元件如线圈、电磁阀、照明灯和信号灯等应接在下面一条电源线一侧，而各种控制触点应接在另一条电源线上。

（5）应尽量减少导线数量和避免导线交叉。各导线之间有电联系时，应在导线交叉处画实心圆点。根据图面布置需要，可以将图形符号旋转绘制，一般按逆时针方向旋转90°，但其文字符号不可倒置。

（6）在电气原理图上应标出各个电源电路的电压值、极性或频率及相数；对某些元器件还应标注其特性（如电阻、电容的数值等）；不常用的电器（如位置传感器、手动开关等）还要标注其操作方式和功能等。

（7）为方便阅图，在电气原理图中可将图分成若干个图区，并标明各图区电路的用途或作用。

C　电器布置图

电器布置图反映各电器元件的实际安装位置，在图中电器元件用实线框表示，而不必按其外形形状画出。在图中往往留有 10% 以上的备用面积及导线管（槽）位置，以供走线和改进设计时使用。在图中还需要标注出必要的尺寸。图 13-2 所示为 CW6132 型普通车床的电器布置图。

D　电气安装接线图

电气安装接线图反映电气设备各控制单元内部元件之间的接线关系。图 13-3 所示为 CW6132 型普通车床的电气安装接线图。

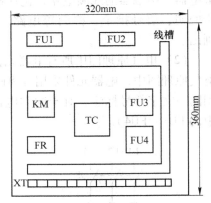

图 13-2　电器布置图

绘制电气安装接线图应遵循以下原则：

（1）各电器零件必须用规定的图形和文字符号绘制。同一电器的各部分必须画在一起，其图形、文字符号和端子板的编号必须与原理图相一致。各电器零件的位置必须与电器布置图相对应。

（2）不在同一控制柜、控制屏等控制单元上的电器零件之间的电气连接必须通过端子板进行。

（3）在电气安装接线图中走线方向相同的导线用线束表示，连接导线应注明导线的规格（数量、截面积等）；若采用线管走线，须留有一定数量的备用导线，还应注明线管的尺寸和材料。

13.1.2.2　生产机械设备电气控制电路图的读图方法

学习机床电气控制应该在充分了解各种机床机械运动的基础上，对其电气控制电路加深理解，熟悉机、电配合及动作情况，掌握各种典型机床的电气控制原理，从而能够读懂一般复杂的电气原理图。机床和其他生产机械设备电气控制电路图的读图基本方法如下。

（1）首先应了解设备的基本结构、运动情况、工艺要求、操作方法以及设备对电力拖动的要求、电气控制和保护的具体要求，以期对设备有一个总体的了解，为阅读电气控制

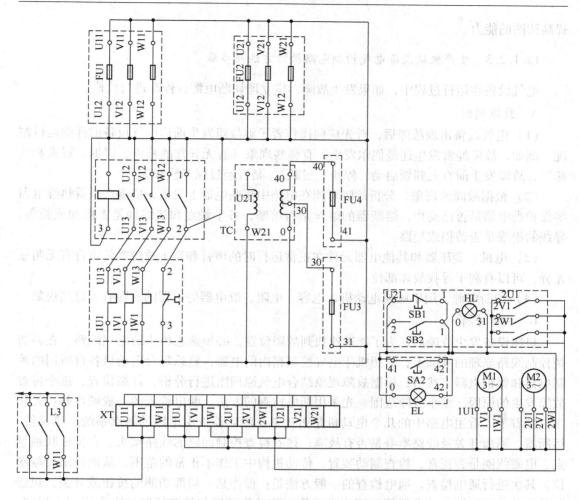

图 13-3　CW6132 型普通车床的电气安装接线图

电路图做好准备。

（2）阅读电气原理图中的主电路，了解电力拖动系统由几台拖动电动机所组成，并结合工艺了解电动机的运行状况（如启动、制动方式，是否正、反转，有无调速要求等）及各用什么电器实行控制和保护。

（3）阅读电气原理图的控制电路。在熟悉电动机控制电路基本环节的基础上，按照设备的工艺要求和动作顺序，分析各个控制环节的工作原理和工作过程。

（4）根据设备电气控制和保护的要求，结合设备机械、电气、液压系统的配合情况，分析各环节之间的联系、工作程序和联锁关系。对应上一步可总结为"化整为零看电路，积零为整看全部"。

（5）统观整个电路，看有哪些保护环节。有些电器的工作情况可结合电气安装接线图来进行分析。

（6）再看电气原理图的其他辅助电路（如检测、信号指示、照明电路等）。

以上所介绍的只是一般的步骤和方法。在这方面没有一个固定的模式或程序，重要的是在实践中不断总结、积累经验。每阅读完一个电路，都应注意分析，总结其特点，不断提高读图的能力。

13.1.2.3　生产机械设备电气控制电路检修方法及步骤

电气设备在运行过程中，如果发生故障，应立即切断电源，停车进行检修。

A　故障判断

（1）电气设备出现故障后，首先应向操作者了解故障发生前后电气设备的详细运行情况。例如，故障经常发生还是偶尔发生，有哪些现象（有无异常的响声、冒烟、冒火和气味等，故障发生前有无频繁启动、停止、过载），是否经过保养检修等。

（2）根据故障的现象，分析故障可能在电路中哪些电器上发生，应重点查看热继电器等保护类电器是否已动作，熔断器的熔丝是否熔断，各个触点和接线处是否松动或脱落，导线的绝缘是否破损或短路。

（3）电机、变压器和其他电器元件在正常运行时的声音和发生故障时的声音有无明显差异，可以有利于寻找故障部位。

（4）切断电源，用手触摸电动机、电容、电阻、继电器等电器的表面有无过热现象。

B　故障分析

机床设备发生故障后，为了能迅速找到故障位置，必须熟悉机床的电气线路，在弄清楚控制线路原理的基础上，对照机床电气控制箱内的电器，熟悉每台电动机各自所用的控制电器和保护电器。然后，根据故障现象结合电气原理图进行分析，仔细检查，逐个排查故障发生的原因，缩小故障范围。先采用断电检查的方法，断电检查的一般顺序是：先从主电路着手，看主电路中的几个电动机是否正常，然后检查主电路的触点系统、热元件、熔断器、隔离开关及线路本身是否有故障；接着检查控制回路的线路接头、自锁或联锁触点、电磁线圈是否正常，检查制动装置、传动机构中工作不正常的范围，从而找出故障部位。其次进行通电检查，通电检查的一般方法是：操作某一局部功能的按钮或开关，观察与其相关的接触器、继电器等是否正常动作，若动作顺序与控制线路的工作原理不相符，即说明与此相关的电器中存在故障。有些设备元件的故障是由于机械部分的联锁机构、传动装置等发生问题，应请各工种的机修人员共同进行检查。排查故障后，要做好维修的记录，以便今后再遇到这样的情况时可以迅速处理。

C　检查方法

a　电阻测量法

按图 13-4（a）所示电路接线。将万用表旋到电阻挡的适当量程上，断开电源以及被测电路与其他电路并联的接线。

（1）测量端点 1 、3 之间的电阻值，若数值为无穷大，说明热继电器已经动作或是接线松脱。

（2）测量端点 3 、4 之间的电阻值，若数值为无穷大，说明按钮 SB1 接线松脱。

（3）测量端点 4 、5 之间的电阻值，当按下按钮 SB2 时，万用表显示应为零；松开 SB2，阻值应为无穷大。对于接触器线圈这类耗能元件，两端的电阻值应与铭牌上所标注的值相符，若阻值偏大，说明内部接触不良，若阻值偏小或为零，说明内部绝缘损坏或已被击穿。

b　电压测量法

电压测量法是根据电压值来判断电器元件和电路的故障所在。检查时把万用表旋到交流电压 500V 挡位上，用黑表笔接地，红表笔一次测量一个端点电压。一般主令电器（如按钮）常开触头的出线端在正常情况下无电压，常闭触头的出线端所测电压与电源电压相符，若有外力作用使触头动作，则现象刚好相反。耗能元件（如电磁线圈）不能用该方法确定其故障原因。电压测量法的操作步骤如下：

（1）断开主电路，接通控制电路电源。

（2）将黑表笔接到端点 2 上，即接地，用红表笔去测量端点 1，若电压表读数为零，说明电源部分有故障，可以检查电源电压变压器和熔断器等，若显示正常，则继续以下步骤。

（3）按下 SB2 按钮，若 KM 得电吸合并自锁，则说明控制电路正常，可以检查其主电路，若 KM 不能正常工作，则继续下一步。

（4）用红表笔测量端点 3，若电压表显示值与正常电压不相符，则有可能是触头或引线接触不良，若显示为零，则可以检查热继电器是否动作。

（5）用红表笔测量端点 4，若电压表显示为零，则检查按钮 SB1 是否接触不良或复位。

（6）按下 SB2，测量端点 5，若电压表显示为零，则有可能是触头接触不良或接线松脱；若电压表显示正常，则有可能是 KM 内部开路故障。

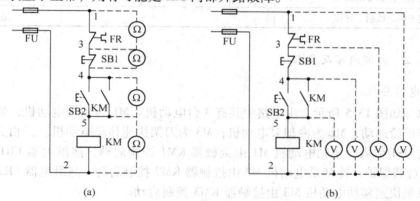

图 13-4　电路故障检查线路

(a) 电阻检测法；(b) 电压测量法

实际检查线路故障时，往往将两种方法结合起来运用，再结合前面的故障分析方法，迅速查明故障原因并加以检修。

任务 13.2　典型机床控制电路技能训练

【任务教学目标】

（1）会机床线路原理分析。

（2）会线路安装。

（3）能判断线路故障。

（4）会结合电气原理分析故障排除故障。

13.2.1 技能训练：CA6140 车床控制电路安装及常见的故障检查与排除

13.2.1.1 实训器材、工具及仪表

（1）工具：螺丝刀、电工钳、剥线钳、尖嘴钳等；

（2）仪表：万用表 1 只；

（3）器材：所需器材见表 13-1。

表 13-1 技能训练所需器材

名 称	型 号 规 格	数 量
三相漏电开关	DZ47-60 10A	1 个
熔断器	RL1-15	2 个
3P 熔断器	RT18-32	2 个
主令开关	LS1-1	7 个
交流接触器	CJ20-10	3 个
热继电器	JR36-20	2 个
三相交流异步电动机	JW-250	3 台
端子排、线槽、导线		适量

13.2.1.2 实训内容及要求

A 主电路分析

电路原理如图 13-5 所示，主电路中共有 3 台电动机。M1 为主轴电动机，带动主轴旋转和刀架作进给运动；M2 为冷却泵电动机；M3 为刀架快速移动电动机。三相交流电源通过转换开关 QS1 引入。主轴电动机 M1 由接触器 KM1 控制启动，热继电器 FR1 为主轴电动机 M1 的过载保护。冷却泵电动机 M2 由接触器 KM2 控制启动，热继电器 FR2 为它的过载保护。刀架快速移动电动机 M3 由接触器 KM3 控制启动。

B 控制电路分析

电路原理如图 13-6 所示，控制回路的电源由控制变压器 TC 副边输出 110V 电压提供。

（1）主轴电动机的控制。按下启动按钮 SB1，接触器 KM1 的线圈获电动作，其主触头闭合，主轴电机启动运行。同时，KM1 的自锁触头和另一副常开触头闭合。按下停止按钮 SB2，主轴电动机 M1 停车。

（2）冷却泵电动机控制。如果车削加工过程中，工艺需要使用冷却液时，合上开关 SA1，在主轴电机 M1 运转情况下，接触器 KM1 线圈获电吸合，其主触头闭合，冷却泵电动机获电而运行。由电气原理图可知，只有当主轴电动机 M1 启动后，冷却泵电机 M2 才有可能启动，当 M1 停止运行时，M2 也自动停止。

（3）刀架快速移动电动机的控制。刀架快速移动电动机 M3 的启动是由安装在进给操纵手柄顶端的按钮 SB3 来控制，它与中间继电器 KM2 组成点动控制环节。将操纵手柄扳

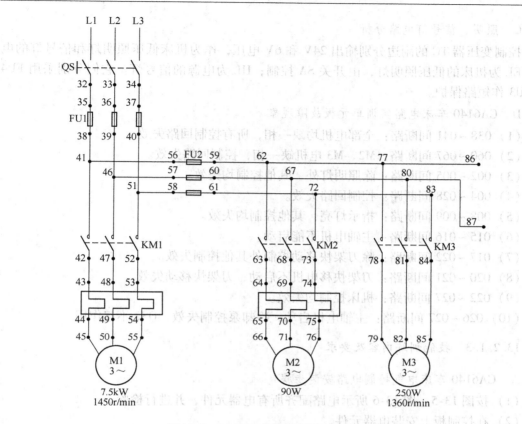

图 13-5　CA6140 车床原理图（主回路）

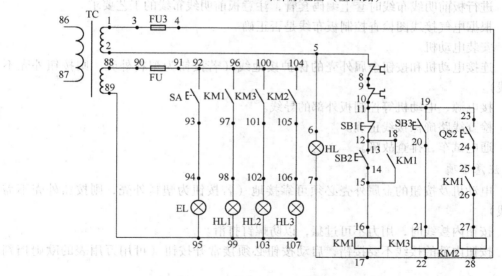

图 13-6　CA6140 车床原理图（控制回路）

到所需的方向，压下按钮 SB3，继电器 KM2 获电吸合，M3 启动，刀架就向指定方向快速移动。

C　照明、信号灯电路分析

控制变压器 TC 的副边分别输出 24V 和 6V 电压，作为机床低压照明灯和信号灯的电源。EL 为机床的低压照明灯，由开关 SA 控制；HL 为电源的信号灯。它们分别采用 FU4 和 FU3 作短路保护。

D　CA6140 车床电路实训单元板故障现象

（1）038～041 间断路：全部电机均缺一相，所有控制回路失效。

（2）060～067 间断路：M2、M3 电机缺一相，控制回路失效。

（3）002～005 间断路：除照明灯外，其他控制均失效。

（4）004～028 间断路：控制回路失效。

（5）008～009 间断路：指示灯亮，其他控制均失效。

（6）015～016 间断路：主轴电机不能启动。

（7）017～022 间断路：除刀架快移动控制外其他控制失效。

（8）020～021 间断路：刀架快移电机不启动，刀架快移动失效。

（9）022～027 间断路：机床控制均失效。

（10）026～027 间断路：主轴电机启动，冷却泵控制失效，QS2 不起作用。

13.2.1.3　技能训练内容及要求

A　CA6140 车床电气控制电路安装步骤

（1）按图 13-5、图 13-6 所示电路配齐所有电器元件，并进行检验。

（2）在控制板上安装电器元件。

（3）进行板前明线布线时套上编码套管，注意板前明线布线的工艺要求。

（4）根据电气接线图检查控制板布线是否正确。

（5）安装电动机。

（6）连接电动机和按钮金属外壳的保护接地线（若按钮为塑料外壳，则按钮外壳不需接地线）。

（7）接电源、电动机等控制板外部的导线。

（8）检查线路确保接线正确。

（9）通电试车，排查故障。

B　注意事项

（1）电动机及按钮的金属外壳必须可靠接地（若按钮为塑料外壳，则按钮外壳不需要接地线）。

（2）按钮内接线时，用力不可过猛，以防螺钉打滑。

（3）按钮内部的接线不要接错，启动按钮必须接常开按钮（可用万用表的欧姆挡判别）。

C　CA6140 车床电气控制电路常见的检查与排除方法

（1）参照电气原理图、电器位置图和机床接线图，熟悉车床电器元件的分布位置和走线情况。

（2）在指导教师的指导下对车床进行操作，了解车床的各种工作状态及操作方法。

D　CA6140 车床电气控制电路常见的检查与排除步骤

（1）用通电试验法观察故障现象。

（2）根据故障现象，依据电路图用逻辑分析法确定故障范围。

（3）采取正确的检查方法查找故障点，并排查故障。

（4）检修完毕进行通电试验，并做好维修记录。

E　CA6140 车床电气控制电路常见的检查与排除注意事项

（1）熟悉 CA6140 型车床电气控制线路的基本环节及控制要求。

（2）检修所用工具、仪表应符合使用要求。

（3）排查故障时，必须修复故障点，但不得用元件替换法。

（4）检修时严禁扩大故障范围而产生新的故障。

（5）带点检修时要注意安全，必须有指导教师进行现场监护。

（6）检修完毕后进行通电试验，并将故障排查过程填入表 13-2 中。

表 13-2　故障排除表

故 障 现 象	可 能 原 因	处 理 方 法

13.2.2　技能训练：X62W 铣床电气控制安装及常见故障检查与排除

13.2.2.1　实训器材

（1）工具：螺丝刀、电工钳、剥线钳、尖嘴钳等；

（2）仪表：万用表 1 只；

（3）器材：所需器材见表 13-3。

表 13-3　技能训练所需器材

名　称	型号规格	数量
三相漏电开关	DZ47-60 10A	1 只
熔断器	RL1-15	2 只
3P 熔断器	RT18-32	2 只
主令开关	LS1-1	2 只
	LS2-2	2 只
万能开关	LW5D-16	1 只
	LW6D-2	1 只
交流接触器	CJ20-10	6 只
热继电器	JR36-20	3 只
三相交流异步电动机	JW-250	3 台
端子排、线槽、导线		适量

13.2.2.2　实训内容及要求

A　主轴电动机的控制

电路原理如图 13-7、图 13-8 所示。

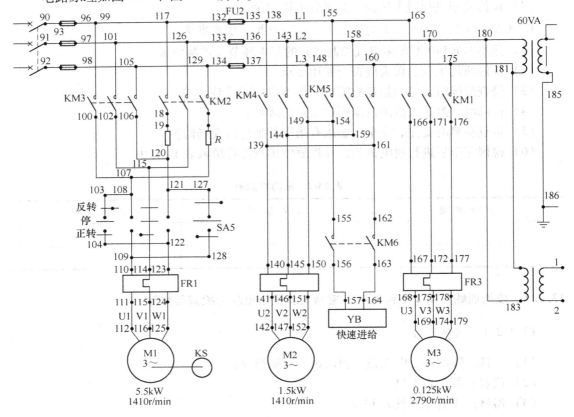

图 13-7　X62W 铣床原理图（主回路）

控制线路的启动按钮 SB1 和 SB2 是异地控制按钮，方便操作。SB3 和 SB4 是停止按钮。KM3 是主轴电动机 M1 的启动接触器，KM2 是主轴反接制动接触器，SQ7 是主轴变速冲动开关，KS 是速度继电器。

（1）主轴电动机的启动。启动前先合上电源开关 QS，再把主轴转换开关 SA5 扳到所需要的旋转方向，然后按启动按钮 SB1（或 SB2），接触器 KM3 获电动作，其主触头闭合，主轴电动机 M1 启动。

（2）主轴电动机的停车制动。当铣削完毕，需要主轴电动机 M1 停车，此时电动机 M1 运转速度在 120r/min 以上时，速度继电器 KS 的常开触头闭合（9 区或 10 区），为停车制动做好准备。当要 M1 停车时，就按下停止按钮 SB3（或 SB4），KM3 断电释放，由于 KM3 主触头断开，电动机 M1 断电作惯性运转，紧接着接触器 KM2 线圈获电吸合，电动机 M1 串电阻 R 反接制动。当转速降至 120r/min 以下时，速度继电器 KS 常开触头断开，接触器 KM2 断电释放，停车反接制动结束。

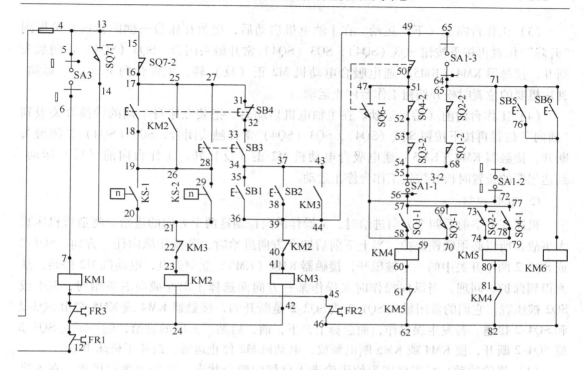

图 13-8　X62W 铣床原理图（控制回路）

（3）主轴的冲动控制。当需要主轴冲动时，按下冲动开关 SQ7，SQ7 的常闭触头 SQ7-2 先断开，而后常开触头 SQ7-1 闭合，使接触器 KM2 通电吸合，电动机 M1 启动，冲动完成。

B　工作台进给电动机控制

转换开关 SA1 是控制圆工作台的，在不需要圆工作台运动时，转换开关扳到"断开"位置，此时 SA1-1 闭合，SA1-2 断开，SA1-3 闭合；当需要圆工作台运动时将转换开关扳到"接通"位置，则 SA1-1 断开，SA1-2 闭合，SA1-3 断开。

（1）工作台纵向进给。工作台的左右（纵向）运动是由装在床身两侧的转换开关和行程开关 SQ1、SQ2 来完成，需要进给时把转换开关扳到"纵向"位置，按下开关 SQ1，常开触头 SQ1-1 闭合，常闭触头 SQ1-2 断开，接触器 KM4 通电吸合电动机 M2 正转，工作台向右运动；当工作台要向左运动时，按下开关 SQ2，常开触头 SQ2-1 闭合，常闭触头 SQ2-2 断开，接触器 KM5 通电吸合电动机 M2 反转工作台向左运动。在工作台上设置有一块挡铁，两边各设置有一个行程开关，当工作台纵向运动到极限位置时，挡铁撞到位置开关工作台停止运动，从而实现纵向运动的终端保护。

（2）工作台升降和横向（前后）进给。由于本产品无机械机构不能完成复杂的机械传动，方向进给只能通过操纵装在床身两侧的转换开关和行程开关 SQ3、SQ4 来完成工作台上下和前后运动。在工作台上也分别设置有一块挡铁，两边各设置有一个行程开关，当工作台升降和横向运动到极限位置时，挡铁撞到位置开关工作台停止运动，从而实现纵向运动的终端保护。

（3）工作台向上（下）运动。在主轴电机启动后，把装在床身一侧的转换开关扳到"升降"位置再按下按钮 SQ3（SQ4），SQ3（SQ4）常开触头闭合，SQ3（SQ4）常闭触头断开，接触器 KM4（KM5）通电吸合电动机 M2 正（反）转，工作台向下（上）运动。到达想要的位置时松开按钮工作台停止运动。

（4）工作台向前（后）运动。在主轴电机启动后，把装在床身一侧的转换开关扳到"横向"位置再按下按钮 SQ3（SQ4），SQ3（SQ4）常开触头闭合，SQ3（SQ4）常闭触头断开，接触器 KM4（KM5）通电吸合电动机 M2 正（反）转，工作台向前（后）运动。到达想要的位置时松开按钮工作台停止运动。

C　联锁控制

机床在上下前后四个方向进给时，又操作纵向控制这两个方向的进给，将造成机床重大事故，所以必须联锁保护。当上下前后四个方向进给时，若操作纵向任一方向，SQ1-2 或 SQ2-2 两个开关中的一个被压开，接触器 KM4（KM5）立刻失电，电动机 M2 停转，从而得到保护。同理，当纵向操作时又操作某一方向而选择了向左或向右进给时，SQ1 或 SQ2 被压着，它们的常闭触头 SQ1-2 或 SQ2-2 是断开的，接触器 KM4 或 KM5 都由 SQ3-2 和 SQ4-2 接通。若发生误操作，而选择上，下，前，后某一方向的进给，就一定使 SQ3-2 或 SQ4-2 断开，使 KM4 或 KM5 断电释放，电动机 M2 停止运转，避免了机床事故。

（1）进给冲动。真实机床为使齿轮进入良好的啮合状态，将变速盘向里推。在推进时，挡块压动位置开关 SQ6，首先使常闭触头 SQ6-2 断开，然后常开触头 SQ6-1 闭合，接触器 KM4 通电吸合，电动机 M2 启动。但它并未转起来，位置开关 SQ6 已复位，首先断开 SQ6-1，而后闭合 SQ6-2。接触器 KM4 失电，电动机失电停转。这样，电动机接通一下电源，齿轮系统产生一次抖动，使齿轮啮合顺利进行。要冲动时按下冲动开关 SQ6，模拟冲动。

（2）工作台的快速移动。在工作台向某个方向运动时，按下按钮 SB5 或 SB6（两地控制），接触器闭合 KM6 通电吸合，它的常开触头（4 区）闭合，电磁铁 YB 通电（指示灯亮）模拟快速进给。

（3）圆工作台的控制。把圆工作台控制开关 SA1 扳到"接通"位置，此时 SA1-1 断开，SA1-2 接通，SA1-3 断开，主轴电动机启动后，圆工作台即开始工作，其控制电路是：电源→SQ4-2→SQ3-2→SQ1-2→SQ2-2→SA1-2→KM4 线圈→电源。接触器 KM4 通电吸合，电动机 M2 运转。

铣床为了扩大机床的加工能力，可在机床上安装附件圆工作台，这样可以进行圆弧或凸轮的铣削加工。拖动时，所有进给系统均停止工作，只让圆工作台绕轴心回转。该电动带动一根专用轴，使圆工作台绕轴心回转，铣刀铣出圆弧。在圆工作台开动时，其余进给一律不准运动，若有误操作动了某个方向的进给，则必然会使开关 SQ1～SQ4 中的某一个常闭触头将断开，使电动机停转，从而避免了机床事故的发生。按下主轴停止按钮 SB3 或 SB4，主轴停转，圆工作台也停转。

D　冷却照明控制

要启动冷却泵时扳开关 SA3，接触器 KM1 通电吸合，电动机 M3 运转冷却泵启动。机床照明是由变压器 T 供给 36V 电压，工作灯由 SA4 控制。

E　X62W 万能铣床电路实训单元板故障现象

（1）098～105 间断路：主轴电机正、反转均缺一相，进给电机、冷却泵缺一相，控制变压器及照明变压器均没电。

（2）144～159 间断路：进给电机反转缺一相。

（3）161～162 间断路：快速进给电磁铁不能动作。

（4）170～180 间断路：照明及控制变压器没电，照明灯不亮，控制回路失效。

（5）181～182 间断路：控制变压器没电，控制回路失效。

（6）001～003 间断路：控制回路失效。

（7）022～023 间断路：主轴制动失效。

（8）008～045 间断路：工作台进给控制失效。

（9）060～061 间断路：工作台向下、向右、向前进给控制失效。

（10）080～081 间断路：工作台向后、向上、向左进给控制失效。

13.2.2.3　技能训练内容及要求

A　X62W 型万能铣床电气线路的安装训练步骤

（1）检查器件的完好性。

（2）在电器板上安装好所用电气器件（电动机除外）。

（3）按图 13-7、图 13-8 所示在板前配线。

（4）交板，接好板外线路，通电试运行。

（5）断电，拆除外接线。

B　X62W 型万能铣床的操作

（1）深入现场，充分了解 X62W 型万能铣床的结构、操作和工作过程，了解 X62W 型万能铣床对拖动和控制的要求。

（2）分析主电路、控制电路、辅助电路及保护环节等，熟悉每个电器元件的作用。

（3）认真观察电器元件的布局，每个电器元件的安装位置，安装和接线方法，画出电器布置图和电气安装接线图。

C　X62W 型万能铣床电气控制线路的故障分析和检修步骤

（1）读懂原理图，熟悉铣床电气元件的安装位置、工作状态，熟悉铣床的操作方法。

（2）在有故障的铣床上或人为设置了故障点的机床上，用通电试验法观察故障现象。

（3）根据故障现象，依据电路图用逻辑分析法确定故障范围。

（4）采取正确的检查方法查找故障点，并排查故障。

（5）检修完毕进行通电试验，并做好维修记录。

D　X62W 型万能铣床电气控制线路的故障分析和检修注意事项

（1）带电检修时，必须有指导教师做监护，及时提醒学生避免采用对人身或仪表会造成不安全的做法，确保安全工作。

（2）检修中，不得损坏电气元件，严禁人为扩大故障范围或产生新的故障。

（3）检修完毕后进行通电试验，并将故障排查过程填入表 13-4 中。

表 13-4　故障排查记录表

故　障　现　象	可　能　原　因	处　理　方　法

复习思考题

13-1　什么是冲动控制？在铣床 X62W 中是如何实现的？

13-2　某机床主轴由一台三相笼型异步电动机拖动，润滑油泵由另一台三相笼型异步电动机拖动，均采用直接启动。根据以下要求设计电路：主轴必须在润滑油泵启动后才能启动；主轴为正、反向运转，为调试方便，要求能正、反向点动；主轴停止后，才允许润滑油泵停止。

附录　热继电器

很多工作机械因操作频繁及过载等原因，会引起电动机定子绕组中电流增大、绕组温度升高等现象。若电机过载时间过长或电流过大，使绕组温升超过了允许值时，将会烧毁绕组的绝缘，缩短电动机的使用年限，严重时甚至会使电动机绕组烧毁。电路中虽有熔断器，但熔体的额定电流为电动机额定电流的 1.5 ~ 2.5 倍，故不能可靠地起过载保护作用，为此，要采用热继电器作为电动机的过载保护。

（1）热继电器的分类及型号。

热继电器的形式有多种，按极数多少可分为单极、两极和三极热继电器，其中三极又包括带断相保护装置和不带断相保护装置两种。按复位方式分，有自动复位和手动复位。下面是常用热继电器的外形，如附图 1 所示。

附图 1　常用热继电器外形

（2）热继电器的结构与工作原理。

热继电器主要由热元件、动作机构、触头系统、电流整定装置、复位按钮和调整整定电流装置等 5 部分组成，其结构如附图 2 所示。

使用时，将热继电器的三对热元件分别串接在电动机的三相主电路中，常闭触头接在控制电路中。当电动机过载时，流过电阻丝的电流超过热继电器的整定电流，电阻丝发热，主双金属片向左弯曲，推动导板向左移动，通过温度补偿双金属片推动推杆绕轴转动，从而推动触头系统动作，动触头与常闭静触头分开，使接触器线圈断电，接触器主触头分断，将电源切除起保护作用。电源切除后，主双金属片逐渐冷却恢复原位，于是动触头在失去作用力的情况下，靠动触头弓簧的弹性自动恢复。

（3）热继电器的主要技术参数。

1）额定电流。热继电器的额定电流是指可装入的热元件的最大额定电流值。每种额定电流的热继电器可装入几种不同整定电流的热元件。

2）整定电流。热继电器的整定电流是指热继电器长期不动作的最大电流，超过此值就要动作。手动调节整定电流装置可用来使热继电器更好地实现过载保护。

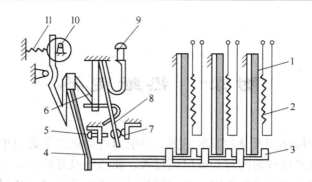

附图2　热继电器的结构

1—主双金属片；2—电阻丝；3—导板；4—补偿双金属片；5—螺钉；6—推杆；

7—静触头；8—动触头；9—复位按钮；10—调节凸轮；11—弹簧图

过载电流的大小与动作时间见附表1。

附表1　JR20 系列热继电器的保护特性

	序号	整定电流倍数		动作时间	起始状态	周围空气温度
各相负载平衡	1	1.05		2h 不动作	冷态	+（20±5）
	2	1.2		<2h	热态	
	3	1.5	<63A	<2min	热态	
			>63A	<4min		
	4	7.2	<63A	$2s < t_p < 10s$	冷态	
			>63A	$4s < t_p < 10s$		
有断相保护负载不平衡	5	任意两相1.0 第三相0.9		2h 不动作	冷态	
	6	任意两相1.15 第三相0.9		<2h	热态	
无断相保护负载不平衡	7	1.0		2h 不动作	冷态	
	8	任意两相1.32 第三相0		<2h	热态	
温度补偿	9	1.0		2h 不动作	冷态	+（40±2）
	10	1.20		<2h	热态	
	11	1.05		2h 不动作	冷态	−（5±2）
	12	1.30		<2h	热态	

（4）带断相保护的热继电器。

热继电器所保护的电动机，如果是Y联结，当线路上发生一相断路（如一相熔断器熔体熔断）时，另外两相发生过载，但此时流过热元件的电流也就是电动机绕组的电流（线电流等于相电流），因此，用普通的两相或三相结构的热继电器都可以起到保护作用；如果电动机是△联结，发生断相时，由于是在三相中发生局部过载，线电流大于相电流，故用普通的两相或三相结构的热继电器就不能起到保护作用，必须采用带断相保护装置的热继电器，它不仅具有一般热继电器的保护功能，而且当三相电动机一相断路或三相电流严重不平衡时，它能及时动作，起到保护作用（即断相保护特性）。

参 考 文 献

[1] 张运波. 工厂电气控制技术 [M]. 北京：高等教育出版社，2000.

[2] 仇超. 电工实训 [M]. 北京：北京理工大学出版社，2009.

[3] 莫桂江，覃勇崎. 电工技术实训 [M]. 北京：北京理工大学出版社，2009.

[4] 技工学校机械类通用教材编审委员会. 电工工艺学 [M]. 5 版. 北京：机械工业出版社，2012.

[5] 国家安全生产监督管理总局职业安全技术培训中心. 电工作业 [M]. 北京：中国三峡出版社，2009.

[6] 夏国明. 电气照明技术 [M]. 北京：中国电力出版社，2004.

[7] 北京照明学会照明设计. 照明设计手册 [M]. 2 版. 北京：中国电力出版社，2006.

[8] 汤煊琳. 工厂电气控制技术 [M]. 2 版. 北京：北京理工大学出版社，2013.

[9] 戴月根，费新华. 中级维修电工技能操作与考核 [M]. 北京：电子工业出版社，2008.

[10] 程龙泉. 电机与拖动 [M]. 2 版. 北京：北京理工大学出版社，2008.

冶金工业出版社部分图书推荐

书　名	作　者	定价(元)
现代企业管理(第2版)(高职高专教材)	李　鹰	42.00
Pro/Engineer Wildfire 4.0(中文版)钣金设计与 焊接设计教程(高职高专教材)	王新江	40.00
Pro/Engineer Wildfire 4.0(中文版)钣金设计与 焊接设计教程实训指导(高职高专教材)	王新江	25.00
应用心理学基础(高职高专教材)	许丽遐	40.00
建筑力学(高职高专教材)	王　铁	38.00
建筑CAD(高职高专教材)	田春德	28.00
冶金生产计算机控制(高职高专教材)	郭爱民	30.00
冶金过程检测与控制(第3版)(高职高专教材)	郭爱民	48.00
天车工培训教程(高职高专教材)	时彦林	33.00
机械制图(高职高专教材)	阎　霞	30.00
机械制图习题集(高职高专教材)	阎　霞	28.00
冶金通用机械与冶炼设备(第2版)(高职高专教材)	王庆春	56.00
矿山提升与运输(第2版)(高职高专教材)	陈国山	39.00
高职院校学生职业安全教育(高职高专教材)	邹红艳	22.00
煤矿安全监测监控技术实训指导(高职高专教材)	姚向荣	22.00
冶金企业安全生产与环境保护(高职高专教材)	贾继华	29.00
液压气动技术与实践(高职高专教材)	胡运林	39.00
数控技术与应用(高职高专教材)	胡运林	32.00
洁净煤技术(高职高专教材)	李桂芬	30.00
单片机及其控制技术(高职高专教材)	吴　南	35.00
焊接技能实训(高职高专教材)	任晓光	39.00
心理健康教育(中职教材)	郭兴民	22.00
起重与运输机械(高等学校教材)	纪　宏	35.00
控制工程基础(高等学校教材)	王晓梅	24.00
固体废物处置与处理(本科教材)	王　黎	34.00
环境工程学(本科教材)	罗　琳	39.00
机械优化设计方法(第4版)	陈立周	42.00
自动检测和过程控制(第4版)(本科国规教材)	刘玉长	50.00
金属材料工程认识实习指导书(本科教材)	张景进	15.00
电工与电子技术(第2版)(本科教材)	荣西林	49.00
计算机网络实验教程(本科教材)	白　淳	26.00
FORGE塑性成型有限元模拟教程(本科教材)	黄东男	32.00